MAGISCHE BÄUME IN AFRIKA

Text und Fotos THOMAS PAKENHAM

Thomas Pakenham

Christian Verlag

MAGISCHE BÄUME
IN AFRIKA

*Für Ross und alle Baileys – Barbara,
Prospero, Anna, Beezy und Nicci –,
die diese Reisen ermöglicht haben
und die Entstehung dieses Buches zu
einer wahren Freude werden ließen.*

Inhalt

Seite 1: *Eine Elefantenfamilie löscht ihren Durst an einem Wasserloch am Megwe Camp, Charter Reserve, Botsuana.*

Seite 2/3: *Baines' Baobabs in der Ntetwe-Pfanne, Botsuana, bei Tagesanbruch.*

Seite 4/5: *Ein Köcherbaum bei Sonnenuntergang im Köcherbaumwald bei Kettmanshoop, Namibia.*

Einleitung

Der vorliegende Band ist der dritte und vielleicht letzte einer Reihe, die mit *Meetings with Remarkable Trees* ihren Anfang nahm. Elf Jahre ist es her, seit ich diese Reise antrat, und mein Glück war genauso bemerkenswert wie die Bäume, denen ich begegnete. Es kam bei den Lesern gut an. »Sie geben den Bäumen eine Stimme«, hieß es in einem Brief aus Amerika, was mir schmeichelt. Ich wünschte, ich könnte es.

Mein Plan für ein Buch über Bäume hatte meine Verleger anfangs erstaunt. Was wusste ich schon über Bäume? Ich war Historiker, kein Botaniker oder Dendrologe. Was könnte ich sagen, was Experten nicht bereits besser gesagt hätten? Aber das war nicht mein Anliegen. Mein Buch sollte nicht bei der Bestimmung von Bäumen helfen und schon gar nicht bei ihrer Kultur. Vielleicht würde es aber dazu führen, dass man Bäume anders wahrnimmt als vorher oder sich mehr an ihnen erfreut. Ein persönliches Buch sollte es sein, geprägt von eigenen Vorlieben. Ich würde eine zufällig getroffene Auswahl von etwa 60 Bäumen oder Baumgruppen präsentieren – darunter viele sehr alte und einige sehr große Bäume. Es wären berühmte und auch völlig unbekannte Bäume darunter. Aber alle diese Bäume würden ausgesprochene Persönlichkeiten sein – »Großartige Bäume«, wie ich sie dann irgendwann schließlich nannte.

So weit das Vorhaben. Für den ersten Band beschränkte ich meine Baumjagd auf das Gebiet, das mir am besten vertraut war: Großbritannien und Irland, wo ich lebe. Dann breitete ich die Flügel aus und machte mich daran, den Blickwinkel zu erweitern – »herauszuzoomen«, wie es die Fotografen nennen. In den darauffolgenden vier Jahren reiste ich durch die Welt, von den Rocky Mountains bis zur Vulkaninsel Yakushimu vor den Küsten Japans. Natürlich konnte ich gerade mal die Oberfläche streifen. Aber ich hatte mich auf die Jagd nach Bäumen auf allen sechs Kontinenten begeben, bevor ich *Remarkable Trees of the World (Bäume. Die 72 größten und ältesten Bäume der Welt)* schrieb. In dem nun vorliegenden dritten Band habe ich den Blickwinkel wieder etwas enger gefasst: Dieses Buch befasst sich lediglich mit einem Teil eines Kontinents, dem südlichen Afrika, mit dazugenommen habe ich das für Baumfreunde unwiderstehliche Madagaskar, und auch ein kleiner Ausflug auf die Insel Mauritius kommt vor.

Rechts: *Beim Fotografieren des Löwenbaums in der Kafue-Ebene im Norden Sambias sahen mir die Löwen zu.*

Links oben: *Per Einbaum auf Entdeckungsreise durch das Okawango-Delta in Botsuana. Bei unserer Begegnung mit einem überraschten Nilpferd saß ich vorn im ersten Boot.*

Links unten: *Einbäume in Oddballs Camp im Okawango-Delta.*

Unser Zeltplatz gegenüber von Baines' Baobabs in der Ntetwe-Pfanne in Botsuana.

Auch hier konnte ich lediglich die Oberfläche streifen – und dies zuweilen nur allzu wörtlich, wie mir scheint, als wir etwa mit wagemutigen Freunden in einer Beechcraft über den Lake Kariba flogen, und zwar unterhalb der noch aus dem Wasser ragenden Baumkronen der im See ertrunkenen Bäume. Insgesamt besuchte ich den Süden Afrikas zehnmal in den letzten vier Jahren und begab mich in sechs afrikanischen Ländern auf die Jagd nach Bäumen: Namibia, Botsuana, Sambia, Simbabwe (kurz), Madagaskar und Südafrika selbst. Ich habe zahlreiche Abenteuer erlebt, die meisten davon habe ich in angenehmer Erinnerung. Wie die meisten Touristen habe ich mit Sicherheit die Gefahren, denen ich ausgesetzt war, etwas übertrieben, etwa als ich Auge in Auge mit einem Löwen stand oder von einem Elefanten eine Treppe hinaufgejagt wurde. Doch die Bäume waren das größte, wildeste und großartigste Großwild, das ich gesehen habe. Lediglich einen Bruchteil von ihnen habe ich für dieses Buch ausgewählt.

Nach welchen Kriterien habe ich ausgewählt? Die Frage wird mir häufig gestellt, und ich kann sie nur schwer beantworten. Größe, Alter und historische Zusammenhänge waren meist die wichtigsten Kriterien, wie bereits in meinen früheren Büchern. Doch muss ein Baum möglicherweise noch weitere, weniger greifbare Eigenschaften wie etwa Schönheit besitzen, um ein »Großartiger Baum« zu sein. Wo würde ich hierfür Vorbilder finden? Es lag nahe, mit den Standardwerken der Botanik zu beginnen. Ich war auch in starkem Maße auf meine Freunde angewiesen. Bei meinen Streifzügen konnte ich jegliche Art von Hilfe gebrauchen. So sagte ein kundiger Freund zum Beispiel: »Ich nehme an, du kennst diese riesige *Breonadia* unten in der Nähe der ›Kloof‹?« Zu diesem Zeitpunkt kannte ich weder die Art, noch wusste ich etwas von der »Kloof«. Nach und nach stellte ich eine Liste der Arten zusammen, die mir am vielversprechendsten erschienen. Die professionellen Botaniker erwiesen sich dann als wahre Wohltäter für mich, obwohl wir anfangs von unterschiedlichen Voraussetzungen ausgingen. Aus Sicht eines Botanikers sind die besten Exemplare einer Art die typischsten. Für mich hingegen konnten das durchaus die schlechtesten sein. Ich suchte nach dem untypischsten, vielleicht sogar ungewöhnlichsten Exemplar. Als meine merkwürdigen Vorlieben einmal akzeptiert waren, wurde ich zum Sklaven der Botaniker. Auch hatte ich das Glück, allerlei Zuschriften von Lesern zu bekommen – als Reaktion auf einen Artikel zu meinem Vorhaben, den ich in der südafrikanischen *Sunday Times* veröffentlicht hatte. Darunter waren viele praktische Hinweise, und einige waren von großer Bedeutung für mich. Mindestens zehn Bäume in diesem Buch gehen auf einen einzigen spontanen Leserbrief zurück.

Als meine Liste mit vielversprechenden Bäumen erstellt war, begannen meine Streifzüge, in Wüsten und Sümpfen, auf Bergen. Meine Freunde vollbrachten wahre Wunder in ihrem Bestreben, mir bei meiner Suche nach großartigen Bäumen behilflich zu sein. Am Ende entschied jedoch häufig der Zufall. Größe, Alter und Geschichte sind nicht die einzigen Kriterien, die einen Baum zu einem großartigen Baum werden lassen. Es kann auch nur der Lichteinfall oder der Wuchs eines Baumes sein, die mein fotografisches Auge reizen. Bei einigen der bekanntesten und fotogensten Bäume der Gegend hatte ich keinen Erfolg, war dafür aber (hoffentlich) erfolgreich bei einigen der unbekanntesten Bäume. Auch habe ich das große Glück, eine so hervorragende Ausrüstung zu besitzen. Ich bin meiner alten und umständlichen Linhof 5x4 treu geblieben, auch wenn mir dabei – bei über 40° mit dem Kopf unter der Decke, um die Mattscheibe sehen zu können – gelegentlich ziemlich heiß wurde. Allerdings habe ich zahlreiche der kleineren Abbildungen in diesem Buch mit einer modernen Digitalkamera im Westentaschenformat gemacht.

Das Zeltlager neben den umgestürzten Stämmen des Dorsland-Trek-Riesen im Nordosten Namibias.

Thematisch gibt es Überschneidungen mit meinen früheren Büchern. Doch es gibt leider auch einen Unterschied – und in diesem Punkt fällt es mir schwer, neutral zu bleiben. Die Bedrohung der Bäume scheint aus zahlreichen Gründen zu wachsen.

Erstens gibt es die Zerstörungen durch Elefanten. Im Bushveld entlang des Limpopo an den Grenzen von Südafrika, Botsuana und Simbabwe leben heute zu viele Elefanten. Das Erlegen der Tiere wurde 1995 aus humanitären Gründen untersagt. Die Folgen für die Umwelt sind jedoch fatal. Bäume und andere Tiere zahlen jetzt den Preis für die rasch wachsende Zahl der Elefanten, die in einem Jahrzehnt um ein Drittel zugenommen hat. Als ich das Tal des Limpopo im Februar 2007 besuchte, bot sich mir der Anblick eines Schlachtfelds. Fieberakazien, Hirtenbäume, Sesambäume: Alle kleineren und weniger robusten Bäume des Bushvelds werden in diesem Gebiet von Elefanten entwurzelt und umgestürzt. Eine vernünftige und humane Begrenzung der Bestände – eine Maßnahme, die auch in anderen Teilen der Welt ein ökologisches Gleichgewicht gewährleistet – wird wieder durchgesetzt werden müssen, oder das Gebiet wird zu einer Wüste aus umgestürzten Bäumen und Hunger leidenden Elefanten werden.

Zweitens ist der übermäßige Eifer der südafrikanischen Behörden beim Verringern der Bestände von nicht einheimischen Bäumen zu nennen. Es ist schon pure Ironie, dass eine Regierung, die in puncto Elefanten das Problem nur höchst widerwillig angeht, sich bei nicht einheimischen Baumarten wie ein Despot aufführt. Einige Arten, wie etwa zwei der australischen Akazien, sind natürlich durchaus invasiv, und dort, wo sie das ökologische Gleichgewicht bedrohen, müssen sie gefällt werden. Doch die gegenwärtige Politik gegenüber eingeführten Bäumen – in meinem Buch habe ich sie »Gäste« genannt – grenzt an Hysterie. Davon betroffen sind berühmte Straßenbäume wie die Jacarandas in Pretoria, Johannesburg und zahllosen anderen Städten und Dörfern. Die berühmten Kiefern oberhalb von Kapstadt sind anscheinend verloren, entweder weil sie gefällt oder weil sie an der weiteren Verbreitung gehindert werden sollen. Das nahe gelegene Tokai-Arboretum, das eine der schönsten Sammlungen der Welt an Eukalyptusbäumen besitzt, scheint ebenfalls bedroht. Diese Baumarten gelten als invasiv, was in zahlreichen Fällen nicht zutrifft. Das tatsächliche Motiv, das von einer kleinen Zahl ökologischer

Einige Ansichten, die sich vom sicheren Geländewagen aus in Südafrika bieten.

Von links nach rechts: *Löwin im Krüger-Nationalpark; weißes Nashorn mit Jungtier in der Lesheba-Wildnis am Soutspansberg; Büffel im Krüger-Nationalpark; Zebras in der Lesheba-Wildnis.*

Hardliner (man nennt sie auch weiße »Ökofaschisten«) verfolgt wird, ist, Südafrika von »fremder« Flora zu säubern – wobei ein weißer Immigrant hier einen grünen Immigranten denunziert. So sinnvoll es ist, zu versuchen, heimische Bäume und Pflanzen zu schützen und ihr Gedeihen zu fördern, so wenig sinnvoll erscheint es, zu versuchen, die Uhr um tausend Jahre zurückzudrehen und eine der besten Hinterlassenschaften, die Europa Afrika vermacht hat, zu zerstören.

Schließlich muss hier auch der entscheidendste Punkt erwähnt werden: die Folgen des Klimawandels. Vor elf Jahren, als ich begann, über Bäume zu schreiben, wurde der Gedanke noch als Spinnerei abgetan, heute gehört er zur Allgemeinbildung. In Südafrika sind die Folgen besonders grausam. Das letzte Jahrzehnt war von Dürrephasen geprägt, und die Region wird auch jetzt, im Mai 2007, von Dürre geplagt. Auf allen Stationen meiner Reise konnte ich die tragischen Folgen des Klimawandels beobachten. In Botsuana ist die Hälfte aller Baobabs auf Kubu Island seit meinem ersten Besuch in den 1990er-Jahren verschwunden. Im Richtersveld, im trockenen Nordwesten Südafrikas, verdursten allmählich die Köcherbäume. Auf Madagaskar zeigt die berühmte Baobab-Allee – ein wahrer Publikumsliebling – erste Schwächen. Natürlich ist der Klimawandel ein globales Problem, aber wir können bestimmt mehr tun als nur betroffen zusehen.

* * *

Während meiner vierjährigen Wanderschaft durch das südliche Afrika habe ich von zahlreichen Menschen Ratschläge und Hilfe erhalten. Viele halfen mir bei der Planung meiner Reisen oder boten mir ihre Gastfreundschaft an. Einige fuhren, flogen oder paddelten mich auf meiner Suche nach bemerkenswerten Bäumen. Zu denjenigen, die mir am meisten geholfen haben, zählen:

Mike und Monica Amm, Asgar und Sirine Barday, Ralph Bousfield und Catherine Raphaely und die Mitarbeiter von Jack's Camp, Walter Barker, Hilton und Megan Bedingham, Jim Bond, Coby Bride, John und Sandy Burrows, Alexander und Sheila Camerer, Peter und Rhona Carte und die Mitarbeiter von The Cavern, Gareth und Hugh Chittenden, Dennis und Marianne Claude, Tommy Crowe, John und Jessica Clarke, Peter Crane und die Mitarbeiter der Royal Botanic Gardens in Kew, Chris Dalyell und die Mitarbeiter des Durban Botanic Garden, Familie De Boer, John und Sara Dewar und die Mitarbeiter des Megwe Camp, die Mitarbeiter

Auf dem Flug nach Oddballs Camp im Okawango-Delta, Botsuana.

des Durban Country Club, Lloyd Edwards, Lydia Ellis, Neels Esterhuyse, Hendrik Fehsenfeld, Jenny Ferreira, Chantelle Gazzilli, Tara und Jessica Getty, Lal Greene, Marcelle Graham, Brian und Jane Griffin, James und Elizabeth Hersov, Tana und Dave Hilton Barber, Nick Hofmeyr, Brian und Merle Huntley und die Mitarbeiter des Kirstenbosch Botanical Garden, Philip Ivey, David Jeppe, Di und Michael Keath, J. D. M. Keet, Ann und Gavin Hayhoe, Basil Landau, Philip Le Roux, Jabu Linden, Anton Louw und die Mitarbeiter der Getty House Lodge, Chellock Mabaso, Liz McGrath und die Mitarbeiter von The Cellars, Sfilo Madonsela, Christine Malan, Dorothy Malan, Wayne Mathews, Cathy Maunder, Izak van der Merwe, Sarah Morton, Bobby und Lionel Melunsky, Ferdi Myburgh, Geoff Nichols, François Ntoehy, Sandy und Andrew Ovenstone, Brigid Oppenheimer, Patrick Page, Dallas und Rose Reed, Jenny Robinson, Veronica Roodt, Joy Rourke, Mark Read, Joseph Sibiya, Mary Slack, Ricky Taylor, Eric Theron, Andrew Unsworth, Leigh Voigt, Tanya White, Graham Williamson.

In Irland und Großbritannien wurde ich von zahlreichen Freunden und Verwandten ermutigt, insbesondere von meiner Schwester Rachel und von Kevin Billington, Christopher und Jennie Bland, David und Linda Davies, Timothy Daunt, Olda und Desmond FitzGerald, Maurice und Rosemary Foster, Grey und Neiti Gowrie, Mark Girouard, meiner Schwester Antonia und Harold Pinter, Julian und Eugenia Sands, Jacky und Julian Thompson, Daria und Alexander Schouvaloff. Drei Freunden in Großbritannien – Tricia Daunt, Lindy Dufferin und Nella Opperman – schulde ich besonderen Dank, da sie mich mehrfach auf Teilen meiner ausgedehnten Reisen zu bemerkenswerten Bäumen begleiteten.

Zwei anerkannte südafrikanische Botaniker – Elsa Pooley und John Rourke – möchte ich hervorheben, da sie mich persönlich auf mehreren Expeditionen führten und später mein Manuskript auf seine Richtigkeit überprüften. Camilla Goslett und Jonathan Lloyd möchte ich im Namen meines Agenten, Curtis Brown, dafür danken, dass sie sich mit großem Können um meine Angelegenheiten gekümmert haben. Auch danke ich den Mitarbeitern meiner beiden Verleger, Weidenfeld and Nicholson in London und Jonathan Ball in Südafrika, die keine Mühe gescheut haben, das Buch zu einem guten Abschluss zu bringen. Als Autor kann man sich keinen kreativeren Verleger wünschen als Michael Dover, mit dem die Zusammenarbeit immer eine große Freude war. Mein südafrikanischer Verleger Jonathan Ball war es, der die ursprüngliche Idee für dieses Buch hatte. Er hat mich in mannigfacher Weise unterstützt und mich – zusammen mit seiner Frau Pam – in ihrem Versteck in Betty's Bay unterhalten. Unermesslichen Dank schulde ich den sechs südafrikanischen Freunden, denen dieses Buch gewidmet ist: Ross Douglas, Barbara Bailey, Prospero und Anna Bailey, Beezy und Nicci Bailey. Ihre Gastfreundschaft war grenzenlos, ihr Beitrag zu diesem Buch unermesslich. Großen Dank schulde ich auch meinen vier Kindern für ihre Unterstützung und Nachsicht, insbesondere meiner Tochter Eliza, die einen liebevollen Blick auf mein Manuskript geworfen hat. Zu guter Letzt muss ich meiner leidgeprüften Frau Valerie danken, die *keine* fanatische Baumliebhaberin ist. Dennoch gab sie meinen Reisen ihren Segen und bereitete mir ein liebevolles Willkommen bei meiner Rückkehr.

Begegnung mit einem Elefanten im Krüger-Nationalpark.

TEIL I

Giganten

Eine Welt, die auf dem Kopf steht

Baines’ magischer Kreis

Der Afrikanische Baobab *(Adansonia digitata)* stellt die Welt auf den Kopf: Seine Äste sehen aus wie Wurzeln. In allen Formen und Größen kommt er vor, es gibt Komische und Erhabene, schrumplige Riesen und wohlproportionierte Zwerge. Für dieses Buch habe ich fünf Baobabs ausgewählt, die unterschiedlicher nicht sein könnten und doch Bedeutendes gemeinsam haben. Auf den ersten Blick sind sie alle riesige Bäume – richtige Naturgewalten, deren Geschichte uns nahezu unbekannt ist. Wissenschaftler beschäftigt vor allem die Frage, wie man das Alter dieser Bäume bestimmen kann, doch bleiben selbst ihre Schätzungen vage.

Ich beginne meine Safari mit dem einzigartigen Kreis von sieben Baobabs, die ihren Namen Thomas Baines verdanken.

Ich kann mir genau vorstellen, wie ich mich diesen außergewöhnlichen Bäumen am liebsten nähern würde: Ich käme bei Sonnenuntergang mit einem Gespann von vierzehn Zugochsen, genau wie Baines, der Maler und Entdecker, im Mai 1862, und würde die Planwagen unter den unförmigen Ästen ausspannen, auf der steinigen Anhöhe, nur wenige Meter oberhalb der dunklen Salzpfanne in der Nähe von Kanyu. Der Vollmond schiene auf die weite Ödnis der Kalahari – ein Seelenverwandter dieser unerbittlichen Wildnis. Fledermäuse und Eulen würden uns begrüßen, während wir unser Lagerfeuer anzündeten, und vielleicht würden wir vom entfernten Brüllen eines Löwen empfangen. Was für eine Zeltstätte für einen Dichter oder einen Zauberer! »In girum imus nocte et consumimur igni« (ein magisches Palindrom aus meinem Lateinunterricht): »In den Kreis gehen wir und werden von Flammen verzehrt«. Ja, in diesen magischen Kreis begeben wir uns, und der Schein des Lagerfeuers erleuchtet die Bäume.

In Wirklichkeit war der Abend, an dem ich im Juli 2006 bei den Baobabs ankam, kalt und nass. Das Lagerfeuer aus Akazienscheiten erlosch kläglich, und die großartigen Bäume versanken einfach in der Dunkelheit.

Wir waren in einem ramponierten schwarzen Toyota von Johannesburg herübergekommen, eine Zweitagesfahrt auf Straßen und Sandpisten, hatten bei Burke’s Bridge am Limpopo die Grenze nach Botsuana passiert und dann den Busch in Richtung der großen Salzpfannen nördlich der Zentralkalahari durchquert. Am Nachmittag des zweiten Tages nach unserer Ankunft kam endlich die Sonne hervor.

Vorhergehende Seiten: *Fünf von Thomas Baines’ sieben Baobabs in der Ntetwe-Pfanne, Botsuana.*

Links: *Ein unverwüstlicher Baobab – er war schon umgestürzt, bevor Baines ihn 1862 zeichnete, und es geht ihm nach wie vor bestens.*

Rechts: *Ein Erdmännchen bei seiner Skorpionmahlzeit unweit von Chapmans Baobab bei Jack’s Camp, Botsuana.*

Ich hatte eine Kopie von Baines' Aquarell dabei, und es war beeindruckend, wie wenig sich in 140 Jahren verändert hatte. Da waren seine sieben mächtigen Baobabs, genauer gesagt, sechs davon, der siebte war durch einen jüngeren ersetzt worden. Bis auf eine Ausnahme hatte der Umfang der Bäume, seitdem Baines sie gemalt hatte, um ein Drittel zugenommen. Die Ausnahme bildete der riesige, unförmige, umgestürzte Baum am linken Bildrand, der wohl Opfer eines unbekümmerten Elefanten geworden war. Baines bewunderte zu seiner Zeit, dass der Baum die Tortur überlebt hatte und noch immer grüne Zweige hervorbrachte. »Ein gigantischer Stamm war umgestürzt«, schrieb er am 21. Mai 1862 in sein Tagebuch, »und lag niedergeworfen, ohne etwas von seiner Vitalität eingebüßt zu haben, er brachte Zweige und junge Blätter hervor wie die übrigen auch.« Tatsächlich ist der Baum nicht dicker geworden, seit Baines dies niederschrieb, was mich auch nicht weiter verwundert: Wie kämen wir wohl zurecht, wenn wir seit eineinhalb Jahrhunderten die Beine in die Luft strecken müssten?

Baines war sicher der ungewöhnlichste unter den waghalsigen Auswanderern, die die Weite zwischen dem heutigen Namibia und Botsuana erkundeten. Anders als die vielen Jäger und Eroberer wie James Chapman oder Missionare und Eroberer wie David Livingstone war Baines Künstler und Naturforscher, ein Autodidakt. Fünfzehn Jahre lang verdiente er seinen bescheidenen Lebensunterhalt mit dem Malen der Pflanzen, Tiere und Landschaften, die ihm auf seinen Reisen begegneten. Einige der Pflanzen, die ungewöhnliche Welwitschie etwa, hatte vor Baines noch nie jemand gemalt. Sein Mut brachte ihm viele Bewunderer. Er diente als Kriegsberichterstatter im achten Grenzkrieg, und einmal fand man ihn in aller Ruhe skizzierend zwischen den Schusslinien sitzen. Aber er hatte ein freundliches Gemüt, und in vielerlei Hinsicht erinnert er an die heutigen Naturschützer: Man solle zurückhaltend sein, wenn man Tiere tötet, meinte er, und dies eher aus Notwendigkeit als aus Freude an der Jagd tun. Auch unter den Buschmännern (San) und anderen Afrikanern, die ihn auf seinen Reisen begleiteten, genoss er großes Ansehen. Leider hatte er sich mit Livingstone überworfen und wurde von dessen – von der britischen Regierung finanzierten – Expedition zum Sambesi ausgeschlossen. Wie sich später herausstellte, war er fälschlicherweise beschuldigt worden, den ihm anvertrauten Zuckervorrat und andere Vorräte des großen Mannes entwendet zu haben. Um seinen beschädigten Ruf

Baines' sieben Baobabs auf seinem eigenen Gemälde vom Mai 1862.

Sechs der sieben Baobabs von Baines (einer wurde ersetzt), aus demselben Winkel fotografiert im Juli 2006.

nach dieser Angelegenheit wiederherzustellen, machte er sich 1862 von Walvis Bay (Walfischbucht) im heutigen Namibia mit seinem Freund, dem professionellen Jäger James Chapman, auf den Weg zu den Victoriafällen. Diese Reise führte sie ein Jahr später zu dem geheimnisvollen Kreis der sieben Baobabs am Rande der Salzpfanne von Kanyu.

Drei Tage lagerten wir auf der sandigen Halbinsel gegenüber den großartigen Bäumen. Als der Regen endlich nachließ, wimmelte die orangefarbene Faserrinde von prachtvollen Vögeln: ein Schleiereulenpaar, gelbe Nashornvögel, Schildraben und ein Ziegenmelker. Aber kein Großwild zeigte sich in dieser weiten Wildnis – bis auf die Baobabs.

Warum standen sie im Kreis? Zumindest dieser Teil des Rätsels war gelöst. Der Kreis entsprach der Form des kieshaltigen Hügels, auf dem sich die Bäume möglicherweise mithilfe von Affen ausgesät hatten; oder eine Herde Elefanten hatte die Samen dort vor Jahrhunderten mit ihren Exkrementen ausgeschieden. Wie viele Jahrhunderte vorher? Einige Botaniker schätzen, basierend auf Radiokohlenstoffdatierungen, die an ein oder zwei Proben vorgenommen wurden, dass Baobabs 2000 Jahre alt werden können. Ich möchte kein Spielverderber sein, aber ich sehe, wie stark die Bäume seit Baines' Zeiten gewachsen sind. Ich glaube, dass Baines' Baobabs mindestens 500 Jahre alt sind, ein beachtliches Alter im südlichen Afrika, wo Bäume schnell wachsen und ebenso schnell sterben. Und wenn kein Unglück geschieht, mag ihr Zauber noch weitere 500 Jahre über der Wildnis wirken.

Briefe eines Baobabs

Eine halbe Tagesreise von Baines' Baobabs entfernt, durch den Busch in südöstlicher Richtung zum Rand der Ntetwe-Pfanne, steht einer der schönsten Baobabs in ganz Afrika. Traditionell wird er nach James Chapman benannt, manchmal aber auch »Post Office Tree«. Mir persönlich gefällt der erste Name besser. Chapman mochte Bäume, auf jeden Fall ging er mit Baobabs deutlich respektvoller um als mit Elefanten.

Chapman, Baines' Reisegefährte auf jener Expedition von 1862, hatte zehn Jahre zuvor – am 10. Juli 1852 – völlig verblüfft vor diesem Baum gestanden. Er war 1851 mit zwei europäischen Gefährten und zahlreichen Buschmännern (San) und Hottentotten (Khoi) von Südwestafrika aus aufgebrochen. Angeregt durch die Stammtischgespräche der Buren in Natal, wollte er Elefanten jagen, und zwar dort, wo niemand zuvor sie jemals gejagt hatte. Die Kosten seines Unternehmens sollten durch das Elfenbein gedeckt werden. Und so geschah es: Mit seinen Kumpanen erlegte er in den folgenden Monaten etwa 200 Elefanten, wobei er den rasenden Tieren oft nur um Haaresbreite entkam. »Mein Pferd erschreckte das durchdringende Trompeten der Elefanten zu Tode, es riss mir die Zügel aus der Hand und ließ mich in der offenen Ebene allein zurück: Auge in Auge mit dem Tod, ohne den geringsten Schutz ...«

Seine Begegnung mit dem großen Baobab in der Ntetwe-Pfanne war längst nicht so schrecklich, doch traf ihn der Anblick gänzlich unerwartet, denn dies war der erste Baobab seines Lebens.

Verglichen mit der riesenhaften Pracht dieses mächtigen Monarchen des Waldes versanken die ihn umgebenden Palmen in völliger Bedeutungslosigkeit. Wir blieben wie angewurzelt stehen. Die Vermessung ergab an der Basis einen Stammumfang von 29 Yards (26,5 Meter). Er hatte bereits alle Blätter abgeworfen, trug aber 5–9 Inches (12–22 cm) große Früchte, die wie Tamarinden in einer zerbrechlichen Schale Samen und Fasern enthielten, umgeben von weißem herbem Pulver oder Mark, das mit Zucker und Wasser vermischt ein sehr wohlschmeckendes Getränk ergibt ... Die Wurzeln erstrecken sich in alle Richtungen, bei hartem Boden auch bis zu 2 Fuß (60 cm) über der Erde, und werden über 100 Yards (90 Meter) lang. Diese Bäume sind der Zufluchtsort unzähliger Eichhörnchen, Mäuse, Eidechsen, Schlangen ...

Über die weitere Geschichte des Baumes ist nicht viel bekannt, außer dass er einige Zeit als Postamt diente. Das wäre auch nicht ganz unpassend für einen alten Baobab. Das kühle, höhlenartige Innere dieser Geschöpfe bietet bequem Platz. Ich meine

Chapmans Baobab – auch »Post Office Tree« genannt – in der Nähe von Jack's Camp in Botsuana.

Rechts: *Ralph Bousfield schaut nach Post.*

sogar, dass Baobabs im ländlichen Afrika häufig als Pub, Schule, Gerichtssaal, Gefängnis und Toiletten genutzt wurden. Warum also nicht auch als Postamt? Sozusagen als *Zweigstelle?*

Mehr als 150 Jahre nachdem Chapman in der Nähe des Baumes ausgespannt hatte, machte auch ich dem Koloss meine Aufwartung. Es war im Februar 2007. Ich kannte den Baum bereits von zwei früheren Besuchen (siehe meine Bücher *Bäume* und *The Remarkable Baobab*), doch konnte ich einem dritten Besuch nicht widerstehen. Zu viert flogen wir in einer kleinen sandbraunen und weißen Beechcraft mit den aufgemalten Initialen P. J. T. – für Papa Juliet Tango – von Polokwane auf der Ostseite des Limpopo und landeten einige Zeit später sanft auf der sandigen Grasfläche neben der Salzpfanne. Wir erreichten den Baum etwa eine Stunde vor Sonnenuntergang. Ja, dort war er, der Hohlraum, hoch oben in einem der sechs Stämme, dort mussten die Briefe hinterlegt worden sein. Vermutlich wurden sie dann später von den Adressaten dort abgeholt. Ralph Bousfield, unser Führer und Gastgeber, kletterte hinauf, um sich den Hohlraum anzusehen. Ralph besitzt das schönste Camp der gesamten Kalahari, »Jack's Camp«, ausgestattet mit allen erdenklichen Annehmlichkeiten wie das Lager eines Maharadschas. Nur die Kommunikation verläuft über Funk und ist somit etwas launisch. Ich sagte Ralph, er könne doch einen zuverlässigen Postdienst gebrauchen, und gab an Ort und Stelle für die Nachwelt einen kleinen Brief auf.

Und Chapman hatte völlig recht: Der Baum ist einfach gewaltig. Sechs Riesenstämme wachsen vom Boden empor, alle perfekt proportioniert.

Im Februar ist im südlichen Afrika Hochsommer, und der Baum war jetzt voll belaubt. Die zarten grünen Blätter, die an fünf Finger erinnern (daher auch der Name der Art: *digitata*), bilden einen schönen Kontrast zu der glatten kupferfarbenen Baumrinde. Am beeindruckendsten waren, wie auch Chapman schon bemerkt hatte, die schlangenartigen Wurzeln, die sich in alle Richtungen ausstreckten. Ebenso beeindruckend waren leider auch die Schäden an Rinde und Wurzeln, die dem Baum seit meinem ersten Besuch acht Jahre zuvor zugefügt worden waren.

Das Alter dieses Naturwunders kann ich wirklich nicht einschätzen, außer dass es wohl eher bei 1000 als bei 500 Jahren liegen dürfte. Sein gewaltiger Umfang *scheint* derselbe wie zur Zeit Chapmans zu sein: am Fuß etwa 27 Meter. (Ich schreibe *scheint,* weil die Unregelmäßigkeiten des Stammes ein genaues Messen nicht zulassen.) Falls dies zutrifft, hat der Baum, wie es für sehr alte Bäume typisch ist, das Wachstum mehr oder weniger eingestellt.

Was soll ich zu den Schäden sagen, die dem Baum in jüngster Zeit zugefügt wurden? Es sind keineswegs Folgen eines Unfalls. Vielmehr haben Besucher Teile der Wurzeln abgehackt, um in der Nähe des Stammes picknicken zu können. Andere haben ihren Namen in der Rinde verewigt und (so wurde mir gesagt) den Baum möglicherweise mit einem tödlichen Pilz infiziert. Dorfbewohner aus der Umgebung haben Teile der Rinde entfernt, um sie als Baumaterial zu nutzen. Nur allzu gerne möchte ich glauben, dass der Baum auch in 500 Jahren noch als Postamt dienen könnte. Leider habe ich berechtigte Zweifel daran.

Chapmans Baobab von Westen:
ein Opfer seiner Bewunderer.

Eher Fels als Baum

Wann ist ein Baum kein Baum? Wenn er ein Fels ist. Wie eine gigantische rosa Felswand türmt sich der Buffelsdrift Giant vor uns auf, was nicht verwundert, ist er doch einer der fünf größten bekannten Baobabs Südafrikas.

Ich besuchte ihn auf dem Rückweg von meiner Pilgerfahrt zu Baines' magischem Kreis in Botsuana. Von ihm geht kein Zauber aus, aber die schiere Masse dieses Kolosses verschlägt einem die Sprache. Ich habe auch die übrigen vier südafrikanischen Bewerber auf den Titel »Weltgrößter Baobab« aufgesucht und sie ausführlich – um nicht zu sagen erschöpfend – in meinem Buch *The Remarkable Baobab* beschrieben. Alle weisen in ihrem Inneren einen Hohlraum auf, der im Laufe der Jahre auf verschiedene Weise genutzt wurde. Der Leydsdorp Giant diente in den 1880er-Jahren als Gastwirtschaft. Der Glencoe Baobab bei Hoedspruit erhebt sich wie ein Troll in Sichtweite der nördlichen Drakensberge. Und die zwei Hauptanwärter auf den Titel sind der doppelstämmige Leviathan in Duiwelskloof (im Inneren des Baums wird bis heute Bier ausgeschenkt) und der königliche Riese in Sagole, in dessen Hohlraum sich vor einigen Jahren ein König von Venda mit seinem Hofstaat eingefunden haben soll, um eine Sonnenfinsternis zu beobachten.

Dem Buffelsdrift Giant fehlt die an Tolkiens Fabelwesen erinnernde Anziehungskraft dieser vier riesigen Kolosse. Allerdings scheint es ein jüngerer Baum zu sein, und wer weiß, vielleicht wird er ja eines Tages noch ein Koloss. Er gehört einem weißen Farmer, der zu wissen scheint, was für ihn am besten ist: wohlwollende Vernachlässigung. Nicht einmal eine Sandpiste führt zu dem Baum. Man klettert durch einen Stacheldrahtzaun hindurch und folgt einem Viehpfad durch abweisendes Dornengestrüpp. Dann versperrt der riesige rosa Fels den Blick zum blauen Himmel.

Ich verbrachte einen herrlichen Morgen damit, die Felswände näher zu betrachten. Sagte ich, dass dem Baum die Anziehungskraft der tolkienschen Ungeheuer fehlt? Das muss ich zurücknehmen: Die runenähnlichen Muster an den Wänden würden eine perfekte Kulisse für den Ort bilden, an dem der schreckliche Sauron haust.

Rechts und folgende Seiten: *Der Buffelsdrift Giant, einer von Südafrikas »Großen Fünf«, in der Nähe des Swartriver in der Provinz Limpopo.*

Unten: *Der Buffelsdrift Giant von Norden.*

Rechts: *Die an Runen erinnernden Rindenstrukturen.*

Auf zu den unbekannten Baobabs

Bevor ich mich von Ralph Bousfield im Oktober 2006 in Jack's Camp verabschiedete, erzählte er mir bei einer guten Flasche südafrikanischem Rotwein eine unglaubliche Geschichte. Er behauptete, es gäbe einen Baobab-Urwald inmitten der riesigen Wildnis der Kalahari. Natürlich ließ mich diese Nachricht aufhorchen, oder handelte es sich nur um ein Märchen aus der Tiefe der Weinflasche? Einen Baobab-Urwald zu entdecken, einen Wald, der niemals zuvor von einem Europäer erforscht oder fotografiert worden war, wäre mit Sicherheit der Höhepunkt meiner Karriere als Baumjäger. Ralph erzählte, er habe die Bäume zufällig auf einem Flug mit seiner Cessna entdeckt, habe aber noch keine Zeit gehabt, hinüberzufahren. Wie konnte ich Ralphs Worte in Zweifel ziehen?

Im Februar 2007 flog ich zurück zu Jack's Camp und freute mich auf die Jagd. Ralph war seit einigen Wochen merkwürdig schwer zu erreichen gewesen. Angeblich war er in Äthiopien und vom Verkehr mit der Außenwelt abgeschnitten. Dann tauchte er wieder auf und erläuterte mir seinen Plan. Auf unserer einwöchigen Safari könnten wir die Fahrt im Geländewagen zu den unbekannten Baobabs in Botsuana mit einem Flug in der Beechcraft von Prospero Bailey zu einigen gigantischen Baobabs knapp 500 km jenseits der namibischen Grenze verbinden. Natürlich hatte jetzt die Regenzeit begonnen, und das krustige weiße Salz der Pfannen hatte sich inzwischen in eine zähe Masse verwandelt. Wir konnten nur das Beste hoffen. Die Wettervorhersage? Regen.

Am nächsten Tag befanden wir uns in unmittelbarer Nähe der unbekannten Baobabs – sie konnten nur wenige Kilometer entfernt sein, schätzte ich. Mein GPS (Standort »Schlamm«) berechnete die Entfernung, und ich befürchte, ich wäre nicht in der Lage, die Koordinaten anzugeben, falls ich jemals die Möglichkeit haben sollte, dorthin zurückzukehren. Aber ich kann sagen, dass es eine interessante Fahrt war. Außerhalb eines kleinen Lehmhüttendorfes fanden wir einen Afrikanischen Stinkbaum *(Sterculia africana)*. Der Boden war mit seinen attraktiven gelben Samenkapseln bedeckt, deren Innenseite bei Berührung einen Tage andauernden Juckreiz hervorruft. Wir sahen außerdem einen Skorpion, der über den Sand hastete und glücklicherweise von einem Erdmännchen verspeist wurde. Am Himmel sahen wir bedrohlich die Geier kreisen. Aber alles, was wir an Spuren zu den erhofften Baobabs fanden, waren Reifenspuren in der Salzpfanne, wo sich ein ähnlich Besessener wie wir im Schlamm festgefahren hatte und damit eines Besseren belehrt worden war. An jenem Tag war die Salzpfanne unbefahrbar. Weit entfernt, in jener Wildnis aus grauem Schlamm, meinte ich die schemenhaften Konturen riesiger Bäume ausmachen zu können, die sich über die Feigheit der Naturforscher mokierten. Sicherlich war es nur eine Luftspiegelung.

Unbeeindruckt von dem Misserfolg, starteten wir früh am nächsten Morgen in Prosperos Beechcraft, Papa Juliet Tango, in Richtung Namibia. Schon bald wechselte das graue Muster der Salzpfannen, die aus 300 Meter Höhe eher einem abstrakten Grisaille-Gemälde glichen, in die dunkelgrüne Eintönigkeit des Bushvelds. Das Land schien nahezu ohne Leben, wenngleich ich einige Elefanten erspähte,

Die Künstlerin Lindy Dufferin und der Dorsland-Trek-Baobab im Nordosten Namibias.

Der Dorsland-Trek-Baobab kurz nach Sonnenaufgang.

Folgende Seiten:
Die sieben Beine des Dorsland-Trek-Riesen erstrecken sich nahezu waagerecht über den Boden, so wie sie vor mehr als einem Jahrhundert umgestürzt sind.

die erhaben zu einem Wasserlauf schritten. Über der großen Leere fühlte sich unser einmotoriges Flugzeug sehr klein an. Was bliebe uns, wenn der Motor anfing zu stottern und ausfiel? Eine Straße finden und landen, meinte Prospero, die großen Hände fest am Steuerknüppel. Aber ich konnte in der Leere unter uns keine Straße erkennen, nicht einmal eine Sandpiste. Natürlich war der Start der gefährlichste Augenblick. Ralph, der neben Prospero auf dem Sitz des Kopiloten saß, hatte mir erzählt, wie sich einmal kurz nach dem Start in seiner Piper Tripacer ein Kabel gelöst hatte. Sein Vater hatte dabei tödliche Verbrennungen erlitten. Bei dem Versuch, ihn aus dem brennenden Flugzeug zu befreien, hatte Ralph sein Leben aufs Spiel gesetzt und mehrere Monate im Krankenhaus gelegen.

Nach zwei Flugstunden in westlicher Richtung landete Prospero auf einem kleinen holprigen Feld in der Nähe des Dorfes Cgae-Cgae. Es wird überwiegend von Buschmännern bewohnt, und wir heuerten einige erfahrene Spurenleser an, die, so hieß es, jeden großen Baum in Namibia kannten. Dann fuhren wir in einem der Geländewagen los, die von Jack's Camp aus vorausgeschickt worden waren. Nach zweistündiger Fahrt durch den Busch erreichten wir die Grenzstation, gegen Abend stießen wir auf den ersten der verschrobenen Riesen, für die Namibia zu Recht berühmt ist.

Ich habe in meinem Leben wahrhaftig schon einige skurrile Bäume gesehen. Aber der Dorsland-Trek-Riese (wie dieser Baum genannt wird) ist sicherlich der skurrilste.

Er erinnert an eine Spinne mit sieben Beinen, die platt auf beinahe einem halben Hektar Bushveld sitzt. Dies ist die heutige Form des Geschöpfes. Einst muss es hoch und aufrecht gestanden haben: ein ansehnlicher Riese mit zahlreichen Stämmen wie Chapmans Baum heute. Dann wurden, vor mehr als 120 Jahren, sechs von den sieben wurstförmigen Stämmen von einem Sturm gefällt. Das Geschöpf war jedoch nicht unterzukriegen. Drei der umgestürzten Stämme starben nach und nach ab, das Wurzelwerk versorgte jedoch die drei übrigen mit Saft. So entstanden neue Stämme am Ende der alten, und allmählich bildete der Baum seine heutige, etwas eigenwillige Form aus.

Wir wissen, dass der Sturm den Baum irgendwann vor 1883 getroffen haben muss, denn dies ist das Datum, das waagerecht und damit zu einem Zeitpunkt, als er bereits umgestürzt war, in einen der Stämme geritzt worden war. In jenem Jahr durchquerte einer der Burentrecks das Gebiet auf der Suche nach dem Gelobten Land. In den 1870er-Jahren war Südwestafrika bis zum Limpopo, der Grenze zur Burenrepublik Transvaal, noch kaum von Europäern erforscht. Die Buren waren zweifelsohne von der Aussicht auf Gold und Diamanten getrieben, oder zumindest von jener auf ein Land, wo Milch und Honig fließen. Auch waren sie von der ewig zerstrittenen Regierung von Präsident Burger in Transvaal enttäuscht und gefährlich nahe am Bankrott, bis Transvaal 1877 von der britischen Regierung annektiert wurde. Obwohl es nach dem Ersten Burenkrieg von 1880–1881 unter Paul Krüger die Unabhängigkeit wiedererlangte, gab die britische Annektierung den Anstoß zu einem neuen Burentreck jenseits des Limpopo. Von 1875 an gab es eine neue Reihe Trecks unerschrockener Burenfamilien, die sich in ihren von Ochsen gezogenen, randvoll mit Haushaltsgegenständen beladenen Planwagen und mit Schafen und Vieh im Schlepptau zu einem neuen Leben in der Fremde aufmachten.

Um knapp 1600 km nördlich das relativ fruchtbare Land Angolas zu erreichen, mussten sie durch die Wildnis der Kalahari im heutigen Botsuana und das Bushveld im heutigen Namibia ziehen. Diese Trecks wurden als der »Dorsland Trek« bekannt, der Durstland-Zug, doch lässt der Name die grausamen Bedingungen dieser Unternehmung nur erahnen. Das Land war größtenteils ohne Wasser, Schafe und Rinder verendeten zu Tausenden. Im Sumpfgebiet des Okawango herrschte Malaria. So überlebten von der hundertköpfigen Burengruppe unter der Führung von Jan Greyling nur 17. Glücklicherweise gab es bessere Anführer: Der charismatische Bure Gert Alberts und ein Farbiger namens Will Jordan brachten die meisten Trecks heil ans Ziel. Einige der Überlebenden erreichten schließlich Angola, wo sie am Kunene-Fluss Farmen gründeten. Der arme Farbige Will Jordan starb leider auf grausame Weise, er wurde von dem Bruder eines örtlichen Stammesfürsten ermordet. Ich meine, dass beide Männer in dem gepeinigten Dorsland-Trek-Riesen ein würdiges Denkmal gefunden haben.

Sheela-im-Busch

Eine vierstündige Autofahrt vom Dorsland-Trek-Riesen entfernt, auf einer nahezu vollständig mit Dornengestrüpp überwucherten Sandpiste, fanden wir ein noch größeres Geschöpf. Wir trauten unseren Augen kaum: Hier stand der größte Baobab – oder war dies ein Rausch, ein Traum? – im gesamten südlichen Afrika, vielleicht sogar der ganzen Welt. Doch liefert sein Name, Holbaum, keinen Hinweis auf seine Größe. Ein Baum aus der Welt des Gulliver und den Träumen (oder Albträumen) des Jonathan Swift war es doch: Brobdignag, und so fand ich schließlich ihren neuen Namen: Brobdignag-Riesin.

War sie wirklich so groß, wie sie schien? Wir hatten kein geeignetes Metermaß, aber Prospero hatte ein 12 Meter langes Seil dabei, mit dem er sein Flugzeug nach der Landung befestigen wollte. Wir maßen den Stamm der Brobdignag-Riesin etwas unterhalb der Stelle, an der sie ihre zwei mächtigen Arme – oder Beine? – ausstreckt. Drei Seillängen und 12 cm ergaben einen Umfang von 36,12 m. Das sind 3 Meter mehr als die zwei momentanen Champions in Südafrika – der Sagole-Riese und der Duiwelskloof-Pub-Baum.

Doch was sind schon Maße gemessen an der Pracht der Form? Das Erstaunlichste an dieser Riesin war die große Höhle in ihrer Mitte. Fast schien es, als hätte dort früher ein weiterer riesiger Stamm gestanden, der schließlich aufgrund seines Alters abgestorben war und den Seitenästen die Rolle der Stämme überlassen hatte. Und was für Stämme!

Wir kletterten drei Stufen hoch in die verblüffende Höhle, die vom Kot einer Eule, die hoch oben im Baum nistete, verschmutzt war. Ein Jahrhundert zuvor, so erzählte uns einer der Buschmänner, hatte die Höhle einigen Stammesmitgliedern der Herero als Zuflucht vor den deutschen Schutztruppen gedient, jener Kolonialarmee des Deutschen Reiches, die einen Aufstand der örtlichen Herero niederschlagen sollte. Dies geschah mit erschütternder Gewalt und zählt zu den am besten dokumentierten Beispielen eines Völkermordes durch eine Kolonialmacht am Ende des Wettlaufs um Afrika. Drei Viertel der Herero, Männer, Frauen und Kinder,

Links: *Der Sagole-Riese in der Provinz Limpopo, vom Umfang her einer der zwei größten Baobabs in Südafrika.*

Rechts: *Der Holbaum im Nordosten Namibias. Hatten wir den größten Baobab der Welt entdeckt?*

sollen den Kriegswirren zum Opfer gefallen sein – häufig verhungert und verdurstet, nachdem die Brunnen abgeriegelt und die Herero in die wasserlose, lebensfeindliche Omaheke-Wüste getrieben worden waren.

Ich war erleichtert, dass unsere Brobdignag-Riesin einige Leben hatte retten können. Wir verbrachten einen glücklichen Abend mit der Erkundung sämtlicher Nischen des Baumes, und ich fotografierte unsere begabte und langmütige Künstlerin, Lindy Dufferin, beim Anfertigen des Porträts einer unserer Buschmänner in der Achselhöhle seines riesenhaften Ahnen. Aber waren jene mächtigen Gliedmaßen, die sie zu beiden Seiten der großen Höhle vom Boden aus spreizte, nun Arme oder Beine? Wenn ich es mir recht überlege, müssen es Beine sein. Und dies führt zu einer etwas delikaten Frage: Welch merkwürdige Stellung hat die Riesin hier wohl eingenommen? Sieht man sie mit halb geschlossenen Augen an, könnte man fast meinen, dass sie … sich einem anbietet. Irgendwie erinnerte sie mich an die keltischen Fruchtbarkeitsfiguren, die als Kragsteine unter dem Dach romanischer Kirchen in Irland und Großbritannien angebracht sind, die berühmten (oder berüchtigten) Sheela-na-Gigs. Sollte die namibische Riesin vielleicht eine Sheela-im-Busch sein? Und gäbe es eine bessere Weise, die Fruchtbarkeit des größten Baobabs zu feiern?

Am nächsten Tag flogen wir zum Limpopo zurück in einem wahrhaft wagnerischen Unwetter, ein passender Auftakt einer Woche in einer von Elefanten verwüsteten Landschaft.

Der Holbaum, von mir auch »Brobdignag-Riesin« genannt, spreizt seine Stämme zu beiden Seiten ab. Ob diese wohl seine Arme oder seine Beine sind?

Unter Schlangen

Ein Baum fürs Paradies

Sykomore (Ficus sycomorus), *auch Maulbeer- oder Eselsfeige genannt, in der Ebene im nördlichen KwaZulu-Natal unweit der Grenze zu Mosambik.*

Als Elefant würde ich eine neidische Bewunderung für die Sykomore (*Ficus sycomorus,* auch Maulbeer- oder Eselsfeige genannt) empfinden, ist sie doch eine der wenigen Arten, abgesehen vom mächtigen Baobab, die es an Größe und Großartigkeit mit ihm aufnehmen kann. Die Maulbeerfeige steht, ausgreifend und unübersehbar, über 30 Meter hoch und ebenso breit, mit Wurzeln wie Stahltrosse entlang der grünen, schlammigen Ufer des Limpopo und bietet jedem, der vorbeikommt, die Stirn – auch jedem Elefanten.

Im Februar 2007 verbrachte ich fünf Tage als verwöhnter Gast in Megwe, einem der Jagdcamps am nördlichen Ufer des Limpopo auf der Botsuana-Seite. Der kleine Streifen aus steinigem Hochland und sandiger Flutebene liegt im nordöstlichen Winkel des Charter Game Reserve, wo der Sashe River in den Limpopo mündet. In den 1890er-Jahren hatte Cecil Rhodes das Stück Land von König Khamas' Bechuanaland ergattern können; mit seiner Chartered Company war er damals auf der Suche nach Land für die neuen Eisenbahnlinien, die nach Rhodesien (dem heutigen Sambia und Simbabwe) und in den Norden führen sollten. Heute reichen sich am sandigen Zusammenfluss der beiden Wasserläufe drei afrikanische Länder die Hand: Südafrika, Botsuana und Simbabwe.

Wie vom übrigen wilden Lowveld geht auch von dieser Landschaft ein Zauber aus, Vögel und Tiere finden sich hier in großer Vielfalt: Adler, Gabelweihen, Eichhörnchen, Antilopen, Löwen und Elefanten. Von der eleganten *Stoep* (oder Veranda) in Megwe lässt sich das geheimnisvolle Kommen und Gehen der Elefanten beobachten. »Unglaublich«, entfährt es einem dort, »richtige Elefanten!« Tatsächlich, unmittelbar gegenüber an einer Wasserstelle, knapp 100 Meter entfernt, stehen Dutzende von ihnen, Elefantenkühe mit ihren Familien, und strömen nach und nach in den Hain mit seinen apfelartigen Blättern, wie Schauspieler, die einer nach dem anderen die Bühne eines Freilufttheaters betreten. »Wenn wir ihnen zu nahe kämen, würden sie …?« »Ja«, lautet die düstere Antwort unserer aufmerksamen Gastgeber, John und Sara Dewar. »In diesem Reservat töten Elefanten jährlich vier bis fünf Menschen. Zumeist trifft es Flüchtlinge aus Simbabwe, die versuchen, nachts die Grenze zu passieren. Aber auch unser Gärtner kam letzten Monat auf tragische Weise ums Leben – auf dem Nachhauseweg von einer Party.«

Es steigert die Konzentration, wenn man weiß, dass man jeden Augenblick zu Tode getrampelt werden könnte. Im Grunde ist es bemerkenswert sicher und einfach, Wild von einem offenen Geländewagen aus zu beobachten. Wir sahen Nashörner, Leoparden und auch Elefanten, obwohl wir nur auf der Jagd nach Bäumen waren.

Es heißt, die Bäume entlang des nördlichen Limpopo-Ufers hätten einmal zu den großartigsten in ganz Afrika gezählt. Heute gleicht der Ort eher einem Schlachtfeld. Die Elefanten zerstören die meisten der kleineren Baumarten. Überall trifft man auf zerfetzte Überreste: Eisenholzbäume, Hirtenbäume, Sesambüsche, Fieberakazien, alle im Vorübergehen umgestoßen (mehr über ihr Schicksal auf S. 71). Leider gibt es einfach zu viele Elefanten in dieser artenreichen Gegend Afrikas: zu viele für ihr eigenes Wohl und für das Wohl der übrigen Tiere und Pflanzen. Die Elefantenjagd wurde 1995 aus einem auf den ersten Blick überaus einleuchtenden Grund verboten: wegen der Grausamkeit selbst der humansten Methode, diese riesigen Geschöpfe zu erlegen. Zusätzlich angelegte Wasserstellen ermöglichten den Elefanten, die trockenen Jahre besser zu überstehen. So nahm ihre Zahl innerhalb von zwölf Jahren um ein Drittel zu, die Natur geriet aus dem Lot, und eine von Menschenhand verursachte Katastrophe nahm ihren Lauf.

Doch hat die Sykomore auf diesem Gebiet nichts zu befürchten. Unsere Gastgeber, John und Sara, begleiteten uns hinab zum Sashe River, um uns ihre Lieblingsbäume zu zeigen. »Unfassbar!«, entfuhr es Lindy, unserer abgebrühten Künstlerin, während sie nach dem Skizzenblock griff. Ich stellte meine Linhof auf das staksige Stativ und kroch unter das Tuch, um mir den Baum auf der Mattscheibe anzusehen. Die Temperatur lag bei über 38 °C im Schatten, deutlich über Körpertemperatur, und das Kameragehäuse war heiß. Im Vergleich dazu ging von dem großen Baum, der unter dem Tuch verkehrt herum auf der Mattscheibe erschien, eine große

Gelassenheit aus. Dies war wirklich die größte Sykomore, die ich jemals gesehen hatte. Eigentlich war sie ein *Bild von einem Baum,* weil sie genau das besaß, was diese Art so einzigartig werden lässt: eine glatte, anfangs gelbe, dann rosa Rinde, große Blätter, die das Sonnenlicht reflektieren, und Wurzeln wie Schlangen. Unweit war ein noch schönerer, aber kleinerer Baum, von dem einer der Äste einem Sturm – oder einem Elefanten – zum Opfer gefallen war. Beide Bäume waren von weidenden Tieren, vielleicht von Kudus, Zebras oder Nashörnern, angenagt worden. Doch im Vergleich zu dem Schlachtfeld jenseits des Flusses war dies das Paradies. (Übrigens ist dies dieselbe Feigenart wie jene, die im Heiligen Land wächst, jener große Feigenbaum, den der Zöllner Zachäus erklomm, um Jesus auf seinem Weg durch Jericho besser sehen zu können. Der Baum lieferte auch das Holz für die ägyptischen Mumienkästen, in denen die Pharaonen lagen, in Erwartung ihrer Aufnahme in eine andere Welt.)

Beide Bäume waren übervoll mit Büscheln 3 cm großer Früchte, die für die Grüntaube und den Braunkopfpapagei angeblich wie Austern und Champagner sind. Von den Tonga-Frauen werden sie wie Rosinen auch getrocknet. Wer eine Sykomore pflanzt, pflanzt einen Garten im Garten.

Vorherige Seiten und rechts: *Die Sykomoren an den Ufern des Sashe River im Charter Game Reserve in Südostbotsuana nehmen es mit jedem Elefanten auf.*

Mashatu und Matumi

Zwei weitere Arten von Riesen des Lowveld haben ebenfalls genug Selbstvertrauen, auch dem hungrigsten Elefanten zu trotzen. Doch trotz ihrer großartigen Erscheinung sind beide erstaunlich wenig bekannt. Sollte es an ihren unaussprechlichen botanischen Namen liegen? Der erste ist *Xanthocercis zambesiaca,* was so viel heißt wie »der gelbe Judasbaum vom Sambesi«. In Botsuana ist er als Mashatu bekannt, in Südafrika als Nyalabaum. Der zweite ist *Breonadia salicina,* bekannt unter dem Namen Matumi. Beide sind immergrün, haben eine Vorliebe für sandige Flussufer und stehen in Südafrika unter Schutz: Bereits das Fällen eines Jungbaumes wird mit einer Geldstrafe geahndet. In jeder anderen Hinsicht könnten die zwei Giganten wohl unterschiedlicher nicht sein.

Im heißen, trockenen Klima des östlichen Botsuana, entlang des Limpopo und des Sashe River, stehen Dutzende riesiger alter Mashatu. Ihre dunkelgrünen Baumkronen fügen sich dabei mancherorts so nahtlos ineinander, dass der Eindruck einer gepflanzten Baumallee entsteht. Betrachtet man die

Unten: *Ein Mashatu in der Nähe des Limpopo River, Charter Game Reserve.*

Rechts: *Der König der Matumis im Amorentia-Estate bei Tzaneen in der Provinz Limpopo.*

einzelnen Bäume, bieten sie eine weniger gepflegte Erscheinung. Bäume mit einem einzigen massiven Stamm sind eher selten. Das mag an der großen Vorliebe der Mashatu für Ameisenhaufen liegen – und die Ameisen, die den Boden verbessern, erwidern diese Liebe durchaus. In dem Maße, wie die grauen oder braunen Ameisenhaufen größer und reichhaltiger werden, bildet der Baum ein stets größer und dunkler werdendes Dickicht miteinander konkurrierender Stämme aus. Viele von ihnen werden von Wild wie Impalas, Zebras und Tieflandnyalas (daher auch der Name Nyalabaum) abgebrochen. Vögel und Tiere, vor allem Tauben, Affen und Paviane, schätzen den Mashatu auch wegen seiner braunen Früchte. Diese sind pflaumenförmig, gut 2 Zentimeter lang und bilden einen einzelnen, glänzend schwarzen Samen, versteckt in einer klebrigen Masse. Es wäre bestimmt spannend, im Herbst hier zu sein, wenn die reifen Früchte auf die Tieflandnyalas förmlich niederregnen oder von Tauben und Pavianen hoch oben im Blätterdach fallen gelassen werden. Die Früchte sollen erstaunlich schmackhaft sein, in Zeiten der Not lässt sich ein hervorragender Brei aus ihnen bereiten. Vor dem Verzehr muss die Frucht jedoch eingegraben werden, damit sie Zeit hat zu reifen.

Im Gegensatz zum Mashatu bevorzugt der Matumi ein feuchtwarmes Klima und bildet stolz einen einzigen riesigen Stamm aus, der wie eine Säule emporwächst. Die zwei größten in Südafrika bekannten Exemplare habe ich aufgesucht. Sie zählen zu den gut gepflegten Gästen im üppigen Amorentia-Estate bei Tzaneen, das für seine Orangen-, Zitronen- und Avocadoplantagen berühmt ist. Meine Gastgeber hatten großzügigerweise einen Trupp vorausgeschickt, der Farne und Dornengestrüpp zu Füßen jener edlen Riesen entfernt hatte. Offensichtlich konnten sie aber gegen die knapp 20 Meter hohe *Anthocleista grandiflora* nichts ausrichten, die den kleineren Matumi überragte. Sei's drum. Die zwei Riesen sahen mir in die Linse, ohne zu blinzeln, und das warme Licht der Abendsonne gesellte sich freundlicherweise noch dazu. Der Champion selbst besitzt derart elegante Proportionen, dass man seine wahre Größe niemals erraten würde: 36 Meter Höhe, 9 Meter Stammumfang, etwa die Größe eines Fabrikschornsteins.

In Woodbush Forest, in einer herrlichen *Kloof*, trafen wir auf einen dritten Giganten, eine *Cussonia sphaerocephala* (Kohlbaum). Dieser Baum hegt ebenfalls eine Vorliebe für feuchtwarme Standorte, und auch er hatte mit gut 7 Meter Stammumfang außerordentliche Ausmaße erlangt.

Doch zurück zum Matumi: Unter dem Namen Afrikanisches oder Transvaal-Teak wurde sein Holz als Bau- und Möbelholz einst hoch geschätzt. Es ist äußerst hart und haltbar, wie asiatisches Teakholz, besitzt aber einen unverkennbar öligen Geruch, von dem es heißt, er würde Termiten in die Flucht schlagen. Die Farbe variiert zwischen Gelb und Braun, Politur betont die höchst elegante flammenartige Maserung. Vor hundert Jahren standen noch stolze große Matumi in den regennassen Wäldern von Natal. Heute sind sogar die kleineren Exemplare selten geworden. Im tropischen Afrika ist er aber noch relativ verbreitet, und in Malawi wird er besonders für die Herstellung von Einbäumen geschätzt, da das Holz als krokodilfest gilt.

Wenn ich also demnächst durch die Sümpfe des Okawango im Nordwesten Botsuanas paddeln werde, wird mein krokodilfester Einbaum aus dem Stamm eines riesigen Matumi geschnitzt sein, und seine Oberfläche wird glänzen wie der Rücken eines Chippendale-Stuhls.

Ein riesiges Exemplar eines Kohlbaums in einer Kloof im Woodbush Forest bei Tzaneen.

Der Löwenbaum

Blicke einem Löwen in die Augen, fliehe vor einem Elefanten. Dieser alte Spruch war mir sofort wieder im Ohr, als ich Auge in Auge mit einem ruhenden Löwen stand. Nun, ich war vor einem Elefanten im Okawango um mein Leben gerannt – mit Erfolg (siehe S. 60), aber wie genau sollte ich mit diesem Löwen umgehen? Etwa so, wie wenn man einem Entführer gegenübersteht? Ruhig und würdevoll bleiben? Langeweile vortäuschen? Ja, ich würde mich gelangweilt geben. Ich glaube nicht, dass es mir sonderlich gut gelungen ist. Es war eher der Löwe, der entsetzlich gelangweilt von mir war.

Knapp 100 Meter hinter uns, auf einer mit Gras bewachsenen Hügelkuppe, der Stamm glatt und gelblich rosa im Sonnenuntergang, steht eine berühmte einzelne Sykomore. Ihretwegen waren wir 1600 km nach Norden gereist, zur großen Kafue-Ebene im Norden Sambias. Es war im Juli 2005, das Gras war braun und trocken – mitten im dortigen Winter. Dies ist die Jahreszeit, in der es in Sambia mit etwas Glück relativ kühl und trocken ist. Prospero hatte uns in Papa Juliet Tango hingeflogen, gelandet waren wir auf einer nahezu unsichtbaren Piste, die von Großwildjägern in den Busch geschlagen worden war. (In verdreckten Tarnanzügen und bis an die Zähne bewaffnet, sahen sie eher aus wie Söldner, aber ich bin sicher, dass sie ganz hervorragende Kameraden waren.) Wir waren in einem Jagdcamp knapp 50 km jenseits ihres ausgewiesenen Jagdterritoriums untergebracht, Wild gab es im Überfluss. »Hier wimmelt es ja nur so von Löwen«, sagte einer aus unserer Gruppe gleich am ersten Abend, »wie soll man denn da in Ruhe aufs Klo gehen?«

Abends erzählten unsere Gastgeber am Lagerfeuer nicht ganz ohne Schadenfreude die Geschichte der italienischen Touristen, die Löwen beim Reißen eines Zebras beobachten wollten. Damals wurden die Zelte noch auf der Graskuppe neben der einzelnen Sykomore aufgeschlagen. Bei Dunkelheit fuhr die Gruppe im Geländewagen zu dem Ort, an dem der Fang gesichtet worden war. Ich sehe die Italiener vor mir, in coolen Armani-Safari-Outfits. Unweit ihrer Piste sahen sie unterwegs ein Rudel von 21 Löwen. Einen Kilometer weiter fuhr sich der Wagen in einem Graben fest und musste zurückgelassen werden. Die Italiener mussten nun zu Fuß zurück, aber sie gingen auf Nummer sicher. Um den 21 Löwen nicht zu begegnen, nahmen sie einen Umweg durch den Wald zur Rechten und waren bis zur Mitte des Waldes gelangt, als sie im Schein ihrer Taschenlampen auf die grünen Augen des ersten Löwen stießen. Er stand unmittelbar vor ihnen und blickte sie an. Der Lichtkegel wanderte, langsam, von links nach rechts: mehr grüne Augen, sehr viel mehr. Das Rudel hatte sie im Halbkreis umzingelt. Die Italiener waren wie vom Donner gerührt. Langsam wichen sie zurück, rückwärts. Nachdem sie mehrere Kilometer durch den Wald gestolpert waren, die Armani-Anzüge nun in Fetzen, gelangten sie in die Nähe der Zelte auf der Graskuppe. Aber, *mamma mia*, was waren das für tanzende Gestalten

Links: *Löwin im Krüger-Nationalpark.*

Oben rechts: *Morgendämmerung am Löwenbaum, einer einzeln stehenden Sykomore in der Kafue-Ebene in Nordsambia.*

vor dem Lagerfeuer? Die Zelte wurden von zwei weiteren Löwen belagert, die es auf die Steaks vom *Braai* abgesehen hatten. Die Diebe wurden aber irgendwie von den Köchen verjagt, indem sie ihnen wilde Funkenregen entgegenschleuderten.

Derlei sportliche Erlebnisse sind uns erspart geblieben. Mit meiner Kamera konnte ich die einsame große Sykomore in mehreren stimmungsvollen Aufnahmen festhalten: im üppigen Licht bei Sonnenuntergang, im feinen nebligen Monochrom bei Tagesanbruch und in der grellen Mittagshitze. Meine Bewunderung für den Baum wuchs. Von frei stehenden Bäumen geht immer etwas Geheimnisvolles aus. Warum gibt es nur einen Baum, fragt man sich immer wieder und findet doch nur selten eine Antwort. Die Graskuppe oberhalb der Flussaue hatte einer einzigen Sykomore Zuflucht geboten, obwohl hier Platz für einen ganzen Hain gewesen wäre. Der Baum wiederum hatte sich als eine Art Arche Noah für unzählige Vögel und Tiere erwiesen. Bis vor Kurzem hatte ein Python seinen Nachwuchs in den Hohlräumen zwischen den Wurzeln aufgezogen. In der Krone nistete ein Adler. Und der Baum war das Zentrum der Welt für zahllose Pukus, Wasserböcke und Impalas, die in der Flussaue umherstolzieren. Was mich wieder zu dem ruhenden Löwen mit dem weltverdrossenen Blick bei der Sykomore auf der Graskuppe zurückführt.

Warum langweilten ihn die Pukus, Wasserböcke und Impalas genauso sehr wie ich? Ich kann keine andere Erklärung als die naheliegendste geben: Er musste an jenem Tag schon ziemlich gut gefressen haben. Das sah ich ihm am Schwanz an. Von unseren Gastgebern wusste ich, dass man einen zufriedenen Löwen immer von einem hungrigen unterscheiden könne. Man müsse nur auf den Schwanz achten. Wenn er sich nicht rührt, ist der Löwe glücklich. Fegt er aber hin und her wie ein Metronom, dann greift er demnächst an.

Nun, der König der Tiere hörte plötzlich auf, den Baum und die Graskuppe zu betrachten, und sah mir noch einmal direkt in die Augen. Sein Gesicht wurde zu einer merkwürdigen Kreuzung aus Paul Krüger, dem Backenbart tragenden Präsidenten von Transvaal, und dem ovalen Kühler eines Bugatti. Die Augen waren eher Furcht einflößend. Ich fühlte mich wie ein Kleinbauer, der von einem mittelalterlichen König zur Rechenschaft gezogen wird. Und ich sah, wie sein Schwanz zu zucken begann. Sollte ich zu guter Letzt nun doch sein Interesse geweckt haben?

Wie ich aus dieser Situation lebend herauskam, habe ich verdrängt.

Der Löwenbaum am Abend. Der Löwe, einige Hundert Meter entfernt, schien plötzlich an mir interessiert.

Die letzten Steineiben

In Nature's Valley

Der Anblick einer riesigen, alten Sichelblättrigen Afrikanischen Steineibe *(Afrocarpus falcatus)* in ihrer natürlichen Umgebung würde selbst einen nicht näher interessierten Reisenden staunen lassen.

Der Baum überragt deutlich den ihn umgebenden Wald, eine Explosion dunkelgrüner Blätter und grauer Flechten, die von einer riesigen Säule aus abblätternder Rinde getragen wird. Die größten unter ihnen sind heute über 40 Meter hoch bei einem Umfang von 6 Metern. Leider lassen sich Exemplare dieses Ausmaßes heutzutage an einer Hand abzählen.

Vor 200 Jahren gab es 60 Meter hohe Bäume, die zusammen mit der verwandten kleineren Art, der Breitblättrigen Afrikanischen Steineibe *(Afrocarpus latifolius)*, die wichtigsten Holzlieferanten im südlichen Afrika waren. Die Siedler im Cape und in Natal fanden das hellgelbe Holz unwiderstehlich. Es eignete sich einfach für alles: zum Bau von Dachbalken, Schiffen und Wagen, Pflügen und Wasserrädern und sogar von Stühlen und Schränken. Nur musste man plötzlich feststellen, dass das Holz eines Tages verschwunden war – gefällt fast bis auf den letzten Baum, ein Schicksal, das er mit dem neuseeländischen Totara, einer anderen Steineibe, teilt. Zur Rettung der überlebenden Bestände hat die Regierung heute strikte Kontrollen veranlasst. Doch niemand, der heute lebt, wird die Wiederauferstehung wirtschaftlich nutzbarer Steineibenwälder noch erleben. Die Art wächst zu langsam, um mit den raschwüchsigen Kiefern aus Kalifornien und Mexiko *(Pinus radiata* und *Pinus patula)* oder Eukalyptusbäumen wie *Eucalyptus saligna* und dessen Hybriden mithalten zu können, bei denen sich die Investition innerhalb von einem Jahrzehnt rentiert.

Ein vergleichbares Unheil wäre es gewesen, hätte man in den letzten 200 Jahren in Europa sämtliche riesigen alten Eichen abgeholzt – bis auf eine Handvoll, die in einem Park für seltene einheimische Arten bewahrt geblieben wäre. Oder als hätten die Holzfäller in Kanada und Nordamerika sämtliche Douglasien und Mammutbäume abgeholzt und bis auf einige wenige alte Bäume alle durch Emporkömmlinge aus Übersee ersetzt.

Es grenzt wohl an ein Wunder, dass überhaupt einige dieser für Holzfäller so verlockenden Bäume im südlichen Afrika überlebt haben. Vor einigen Jahren habe ich mir die letzten »großen Bäume« in den Waldreservaten in Knysna und Tsitsikamma am Ostkap angesehen.

Wohl jeder wäre von dem Eifer beeindruckt, mit dem die Behörden die noblen Überlebenden heute schützen. Im Tsitsikamma-Nationalpark wäre vielleicht etwas weniger Eifer angemessen. Der Riese am Storms River muss mit der Schmach eines ihn halb erstickenden Holzstegs für Touristen leben. Pfosten wurden in seine zarten Wurzeln gerammt, die Bretter

Links: *Der Storms-River-Riese in Tsitsikamma, Ostkap (Eastern Cape), eine der wenigen großen Afrikanischen Steineiben, die nicht der Axt der Holzfäller zum Opfer gefallen sind.*

Rechts: *Eine ansehnliche Steineibe auf einem Privatgelände südlich von Port Elizabeth. Selbst Bäume dieser Größe sind heute selten.*

viel zu nahe an den verletzlichen Stamm geführt. Ein ganz normaler Zaun hätte die Bewunderer deutlich besser ferngehalten.

Vielleicht bin ich auch nur ungerecht. Ich gebe zu, ich bin kein Freund von Holzstegen. Ich weiß, es geht im Grunde darum, die Wurzeln vor den Füßen der Besucher zu schützen. Aber ich bin der Ansicht, dass ein schlichter Zaun diese Aufgabe besser erfüllen würde. Es würde den uralten Geschöpfen auch das Flair eines Vorstadt-Freizeitparks nehmen.

Zu meiner großen Erleichterung stieß ich auf eine schöne alte Steineibe, versteckt in einem alten Wald in Nature's Valley, etwa auf halbem Wege zwischen Knysna und Tsitsikamma. Früher mag durch den Wald das Echo umstürzender Giganten gehallt sein, da Holzfäller die einheimischen Bestände im gesamten Küstenstreifen systematisch abgeholzt haben: Steineiben und Stinklorbeer, Eisenholz und *Curtisia* und viele andere, um sie nach Port Elizabeth oder nach Kapstadt zu verschiffen. Doch aus irgendeinem Grund entging ein alter Baum der Axt und fand Schutz neben einem kleinen Wasserlauf.

Im Gegensatz zu den meisten Menschen gewinnen Bäume mit zunehmendem Alter an Schönheit. Die Queen of Nature's Valley ist der attraktivste alte Baum, den ich in Südafrika kenne. Wohlwollende Vernachlässigung, das beste Schicksal, das ein alter Baum sich erhoffen kann, hat ihn zu seinen Füßen mit einem undurchdringlichen Dickicht aus Dornen und Büschen gesegnet. Doch wie sollte ich zu diesen Füßen gelangen, um auch die Proportionen in mein Foto einfließen zu lassen? Manchmal muss ein Mann eben tun, was ein Mann tun muss: Ich war selbstverständlich bereit, mich auf dem Bauch kriechend durch einen von Schlangen wimmelnden Dschungel zu nähern. Kinderspiel für einen, der schon von Elefanten gejagt oder Auge in Auge mit einem Löwen gestanden hat. Doch eine Freundin, die mutiger, athletischer und gewandter ist als ich, bot an, in ihrem roten Kleid durch den Dschungel zu kriechen. Also musste ich der Versuchung widerstehen, mich als Held aufzuführen.

Die riesige Afrikanische Steineibe in Nature's Valley in der Nähe von Plettenberg Bay, Ostkap, die sich wohlwollender Vernachlässigung erfreut.

Noch mehr Giganten

TEIL II

Im Reich der Elefanten

Ein Glas Palmwein gefällig?

Die schimmernden Salzpfannen in Ntetwe, Botsuana, liegen nur eine halbe Flugstunde von den dampfenden Sümpfen des Okawango entfernt.

Ich flog mit vier Freunden in Prosperos Flugzeug, Papa Juliet Tango, und einer zweiten sandbraun-weißen Beechcraft, die Tommy Crowe, einem Freund, gehörte. Es war im Juli 2005 – rechtzeitig zum Hochwasser im Okawango-Delta. Wir landeten in Maun, der nächstgelegenen Stadt, und wechselten in einen Hochdecker, der dem Besitzer von Oddballs Camp gehörte, dem Ziel unserer Reise.

Unter uns erstreckte sich das etwa 160 km lange Delta wie ein Fächer – oder erinnerte es an Palmwedel? Das Delta ist eine urzeitliche Landschaft, in der nie ein Mensch den Lauf des Flusses verändert hat (ganz anders als das Delta des Nils, der seit etwa 5000 Jahren in einem Labyrinth von Bewässerungskanälen gefangen ist). Doch repräsentiert sich das Delta hier von zwei völlig verschiedenen Seiten: Die meiste Zeit des Jahres ist es eine Wildnis aus niedrigen, braunen Hügeln, die von einem großen Fluss durchschnitten werden, dem Okawango. Doch wenn das Wasser aus den Bergen Angolas herunterfließt und in aller Stille die Landschaft überflutet, verwandeln sich die braunen Hügel in einen Archipel grüner Inseln. Aus der Luft konnten wir kein Leben ausmachen, nur einige sich windende Antilopen- oder Elefantenpfade, die über die grünen Inseln führten. Wir beobachteten ein einzelnes Motorboot, das wichtigtuerisch den Hauptarm nach Maun herunterraste.

Unsere Unterkunft, Oddballs Camp, wurde vor etwa 20 Jahren von einem der Tourismuspioniere des Deltas errichtet. Es befindet sich auf einer eigenen kleinen bewaldeten Insel gegenüber von Chief's Island, der Hauptinsel des Deltas. Aber

Vorhergehende Seiten: *Ein einsamer Köcherbaum im Richtersveld National Park, Western Cape.*

Links: *Makalanipalmen im Okawango-Delta.*

Rechts: *Elefantenbulle während der Musth, Krüger-Nationalpark.*

eigentlich gibt es Oddballs Camp in zwei Ausführungen: ein Fünf-Sterne-Camp, einschließlich Hochzeitssuite in einem Baumhaus am Ostende der Insel (während unseres Aufenthaltes geschlossen), und ein normales Camp mit 20 schlichten grünen Zelten zwischen Palmen und etwa zehn Einbäumen, die verstreut am Flussufer liegen. Um Eindringlinge wie Hyänen und Löwen fernzuhalten, sind die Zelte auf hölzernen Plattformen errichtet. Autos und Motorboote gibt es nicht, nicht einmal Fiberglaskanus. In Oddballs gleitet man im Einbaum oder Mokoro über das Wasser. Das kam mir sehr entgegen. Ich hatte vor, ein außergewöhnliches Exemplar der hier beheimateten Makalanipalme *(Hyphaene petersiana)* zu finden, die als eine der elegantesten und gleichzeitig nützlichsten Palmen überhaupt gilt.

Am ersten Abend hörten wir in der Dämmerung ein unheimliches, dröhnendes Geräusch. Wir sollten ganz unbesorgt sein, hieß es. Zwei Elefanten waren in das Camp eingedrungen und rüttelten die Palmen so heftig hin und her, dass eine Flut an Palmnüssen herunterfiel – das Abendessen.

Kurz nach Tagesanbruch brachen wir auf, je zwei von uns und ein Führer in einem Mokoro. Beim Frühstück erzählte einer von uns, der zufällig während des Studiums in Oddballs gearbeitet hatte, eine Geschichte über den damaligen Chiefguide. »Eines Tages begleitete er ein amerikanisches Paar in einem Mokoro. Er stand hinten und ließ die Stange sinken, um einen ungewöhnlichen Vogel mit dem Fernglas zu beobachten. Plötzlich tauchte ein riesiges Krokodil aus dem Wasser auf, erfasste ihn an den Füßen, und er verschwand. Das amerikanische Paar traute seinen Augen nicht. Dann tauchte der Chiefguide wieder auf, sagte noch ›Ich brauche ein Messer‹ und verschwand für immer.«

Ich kann nicht behaupten, dass mich die Geschichte sonderlich erheitert hätte. Kurz nach unserer Abfahrt tauchte ein Nilpferd mit lautem Gebrüll einige Meter vor dem Mokoro auf, in dem ich ganz vorne saß. »Oh Gott!«, hörte ich mich sagen. Unser Führer brachte uns schnell zurück in Sicherheit. Obwohl Nilpferde gelegentlich Menschen angreifen, bleiben sie während des Tages zumeist im Hauptarm, sodass man ihnen aus dem Weg gehen kann. Ich nehme an, dass dieses Nilpferd, das hier untergetaucht vor uns lag, wohl taub oder geistesabwesend war.

Wir entdeckten eine schöne Fächerpalme in einer Ansammlung von Ameisenhaufen am sandigen Ufer von Chief's Island. Dies sei ein typischer Standort, sagte man mir. Wie der Mashatu, den ich an den Ufern des Limpopo gesehen habe, liebt die Fächerpalme Ameisenhaufen, da die Ameisen den Boden mit Nährstoffen anreichern. Das Exemplar hier war außergewöhnlich groß – vielleicht etwas über 20 Meter –, und ihre großen Wedel blitzten wie Propeller in der Sonne. Unter dem Baum fielen mir halb verzehrte Nüsse am Boden auf. »Elefanten verursachen beim Fressen ein wahres Chaos«, sagte unser farbiger Führer Jack missbilligend, »Paviane ebenso.« Die Dorfbewohner betrachten das Fruchtfleisch, das geschmacklich an Honigkuchen erinnert, als Delikatesse, und die Blütenknospen sollen zarter als Spargel schmecken. Vor allem wird aus dem Saft der Fächerpalme ein köstlicher Wein gewonnen. Der Baum wird angezapft, und der Saft strömt literweise heraus. Er wird mit Zucker vermischt und einige Tagen gären gelassen. »Das würde ja sogar einen Elefanten verrückt machen!« (Das Verfahren ist leider tödlich für den Baum.) Aus den Blättern der Fächerpalme werden auch Körbe geflochten. Sie sind mit einem schmucken Zickzackmuster verziert und so eng geflochten, dass sie bestimmt auch als Bierflaschen tauglich wären.

Auf dem Rückweg landete ich am östlichen Ende der Insel, um eine zweite Fächerpalme zu fotografieren. Das Stativ war schnell aufgestellt, und ich stand über meine Kameratasche gebeugt, als ich ein gewaltiges Trompeten hörte. Ein Elefantenbulle erschien aus einem kleinen Gehölz, etwa acht bis zehn Meter entfernt, und stürmte direkt auf uns zu.

Ich war glücklicherweise zu überrascht, um Angst zu haben. Meine Gefährten schubsten mich gewaltsam zu Boden – etwa so, wie Bodyguards einen amerikanischen Präsidenten zu Boden drücken würden, um ihn vor einem Attentat zu bewahren. Im nächsten Augenblick stolperte ich eine Treppe hoch, die sich die Palmen hinaufwand. Aus irgendeinem Grund musste der Elefant sein Territorium ins Fünf-Sterne-Camp gelegt haben. Schon bald standen wir knapp 12 Meter hoch auf dem Balkon der Hochzeitssuite und verfolgten, wie das wütende Tier den Rückzug antrat.

Ich weiß nicht, was ihn so gegen uns aufgebracht hatte. Vielleicht fühlte er sich von uns bedroht – ein Kompliment für uns, nehme ich an. Vielleicht hatte er aber auch ganz einfach nur etwas zu viel Palmwein getrunken?

Makalanipalmen in einer Oase im nördlichen Namibia.

Livingstones Leberwurst

Als Gott den Leberwurstbaum *(Kigelia africana)* schuf, hatte er wohl nur eines im Sinn: einen Baum zur allgemeinen Belustigung zu schaffen. Keine andere Art ist so komisch: Von dem eher schwerfälligen Blätterdach hängt eine Vielzahl wundersamer grüner Würste herab, jede davon über einen halben Meter lang und bis zu 9 kg schwer. Und es kann keine Rede davon sein, dass sie für Mensch und Tier nützlich wären, vielmehr sind die absurden Früchte für beide giftig. Alles, was sich sagen lässt, ist, dass das Holz nicht reißt und sich somit gut für den Bau von Mokoros eignet.

Ich war nach Sambia geflogen, zum Sambesi, wo ich am linken Ufer stehen wollte, dort, wo Livingstone 1885 gestanden und später in seinem Bericht den berühmten Satz zu den Victoriafällen geschrieben hatte: »Kein europäisches Auge hatte sie jemals zuvor gesehen, doch eine so reizvolle Kulisse müssen sich die Engel im Fluge angeschaut haben.« Livingstone hatte in diesem Paradies mit Blick auf die Fälle sein Zelt aufgeschlagen – unter einem riesigen Leberwurstbaum.

Aber wo war der Leberwurstbaum heute? Auf der Suche kämpfte ich mich unterdessen durch dichtes Buschwerk. Doch meine Suche sollte vergeblich sein, obwohl ich einen Baobab mit einem Schild »Livingstone's Baobab« fand – nach den Riesenbaobabs in Botsuana und Namibia eher unspektakulär. Auch bezweifelte ich, ob dies wirklich der Baum war, den Livingstone bei den Victoriafällen beschrieben hatte: »Dort, alles andere überragend, steht der große stämmige Baobab, dessen riesige Arme jeder für sich der Stamm eines großen Baumes sein könnten.« Doch sagte man mir, dass dieser Baobab bescheidenen Ausmaßes einmal ungewöhnlich groß gewesen, doch vom Sturm geköpft worden sei.

Sollte Livingstones Leberwurstbaum etwa am anderen Ufer stehen, auf der Seite, die heute zu Simbabwe gehört? Ausländische Touristen sind eher selten in dieser unruhigen Republik, doch wurde ich mit großer Herzlichkeit empfangen, als ich über die elegante Brücke gegenüber den Fällen ging. Das Falls Hotel bietet köstliche Würstchen zum Frühstück. Vom Baum jedoch leider keine Spur.

Bei unserem letzten Versuch, den Baum zu finden, fuhren wir im Kanu zu Livingstone's Island, das er auch ausführlich in seinem Buch *Missionary Labours* beschreibt. Livingstone muss wohl ein eher gelassener Mensch gewesen sein, denn die Insel befindet sich mitten in den Fällen am Rand des Abgrundes. Ich fand die Kanufahrt eher beängstigend, doch war sie noch nichts im Vergleich zu dem unwirklich anmutenden Badevergnügen, zu dem unsere Führer uns ermunterten. Bei Niedrigwasser, das damals herrschte, kann man bis zum Rand des Abgrunds schwimmen, als wolle man sich im nächsten Augenblick zu Tode stürzen. War ich ein

Oben und links: *Ein Leberwurstbaum im Überschwemmungsgebiet des Kafue im nördlichen Sambia – als Zeltplatz nicht zu empfehlen.*

Mensch? Eine Maus? Ich hatte die Badehose im Camp gelassen. Sonst wäre ich natürlich der Erste gewesen, der sein Leben aufs Spiel gesetzt hätte und in die tosenden Fluten getaucht wäre.

Es gibt Tage, an denen der Baumjäger mit leeren Händen nach Hause zurückkehrt. Livingstone pflanzte hundert Pfirsich- und Aprikosenkerne auf der Insel, die jetzt seinen Namen trägt. Etwas einfältig ritzte er auch seinen Namen in einen Baum – vielleicht einen Leberwurstbaum – mit dem Datum 1855. (»Dies war der einzige Augenblick, an dem ich mich dieser Art von Eitelkeit hingab.«) Doch konnten wir weder den Baum noch seinen Namen finden. Eine weitere furchterregende Kanufahrt bei Nacht den Sambesi hinab – im Slalom durch Wildwasser, dabei tunlichst Nilpferde und Krokodile umschiffend – beendete unsere Baumjagd. Und der Old Man River, hier der Sambesi wie damals Paul Robesons Mississippi, *»didn't say nothing, just kept rolling along«* – ohne eine einzige Leberwurst weit und breit.

Tage später fand ich jedoch immerhin ein prächtiges Exemplar dieser lustigen Spezies in der Nähe des Kafue-Flusses, das ich fotografierte. Der Baum erinnerte mich an die Zeichnungen von Edward Lear. Und die Würste waren preisverdächtig: geschätzte knapp 10 Kilo schwer und fast 90 cm lang. Wären sie einem auf den Kopf gefallen, wäre der Spaß wohl vorbei gewesen.

Im Gegensatz zu Livingstone gingen wir auf Nummer sicher und zelteten lieber in gehörigem Abstand vom Baum.

Die Anabäume des Chongwe

Von den Victoriafällen flogen wir zu einem kleinen Camp im Busch, dort, wo der Chongwe in den unteren Sambesi mündet. Ich wollte die beeindruckenden Haine mit Anabäumen sehen. Es war ein recht kurzweiliger Flug.

Unsere Piloten flogen auf geringer Höhe über Lake Kariba, einen Stausee am Sambesi aus den Sechzigerjahren, der als Wasserkraftanlage dient. Abertausende Bäume wurden damals geflutet, einschließlich einiger großer, schöner Baobabs. Es war bekannt, dass die einheimische Bevölkerung glaubte, einige von ihnen würden die Geister ihrer Vorfahren beheimaten. So beschlossen die Behörden, jemand solle, bevor das Wasser die Baobabs erreichen würde, in einer rituellen Geste einen Zweig von jedem Baum brechen, um so den Geist der Vorfahren in eine neue Heimat zu überführen: in einen Baobab oberhalb der Wasserlinie. Das Vorhaben wurde mit den entsprechenden Feierlichkeiten ausgeführt. Doch die zuständigen Ingenieure plagte eine weitaus weltlichere Sorge. Sie meinten, wenn die Baobabs nur geflutet würden, könnten sie schließlich die Turbinen verstopfen. So wurden Millionen Pfund darauf verwendet, die Baobabs zu vernichten – mit Bulldozern und Sprengstoff –, bevor es zu spät sein würde. Die Aufgabe war erst halb fertiggestellt, als sich der Stausee füllte. Doch die Ingenieure hatten sich verrechnet. Die übrig gebliebenen Baobabs verstopften nicht die Turbinen. Das Holz dieses erstaunlichen Baumes ist derart mit Luft gefüllt, dass jeder geflutete Baobab wie ein Korken an die Oberfläche stieg und einfach an Land geschleppt werden konnte.

Wir überflogen die Ufer in geringer Höhe und sahen einige große Baobabs, die vermutlich vor nicht allzu langer Zeit zur Heimat der Geister der Vorfahren geworden waren. Sie sahen sehr glücklich aus. Dann flogen wir über den ausgedehnten blauen See, und Geier flogen uns um die Ohren wie Pistolenkugeln. »Wir tauchen wohl besser noch etwas ab«, meinte unser Pilot, und er hatte vermutlich recht. So flogen wir über den See *unterhalb* der Baumwipfel – die Bäume waren genau genommen die Spitzen jener Wälder toter Bäume (keine Baobabs), die aus dem Wasser herausragten.

Im Camp am Chongwe wurden wir genauso herzlich empfangen, wie wir es erwartet hatten. Die Zelte waren einige Meter vom Flussufer aufgeschlagen, eine Nashornfamilie spielte im flachen Wasser. Als wir in einem kleinen roten Boot mit Außenbordmotor Tigersalmler angeln gingen, ließen sich am Ufer die Krokodile ins Wasser gleiten. Das Camp war Tag und Nacht für Elefanten geöffnet. (Mein Tischnachbar, ein 15-jähriger Junge, der soeben aus England angekommen war, erzählte mir, er sei doch etwas erstaunt gewesen, beim Duschen im Freiluftbadezimmer auf einen neugierigen Elefantenrüssel zu stoßen.)

Das Beste waren die Anabäume *(Faidherbia albida = Acacia albida)*. Sie sind die größten, raschwüchsigsten und oft auch die schönsten aus der großen Familie der Hülsenfrüchtler. In gutem Schwemmland werden sie über 30 m hoch und wachsen so schnell wie die besten europäischen Pappeln – mehr als zwei Meter pro Jahr. Die Stämme sind gelb oder silberfarben, die Blätter silbrig blau. Hier am Chongwe wurden ihre üppigen Winterblätter von den örtlichen Elefanten gestutzt und in merkwürdige Formen verdreht. Aber sie hatten Angriffe überstanden, die die meisten ihrer Rivalen ausgelöscht hatten. Tatsächlich schienen die Elefanten die gleiche gewaltsame Rolle gegenüber den Konkurrenten der Anabäume gespielt zu haben wie die Waldbrände im Leben der kalifornischen Mammutbäume *(Sequoiadendron giganteum)*. Die Bäume überlebten so gerade eben, die Konkurrenten nicht.

Apropos »Mammutbäume«: Mir wurde erzählt, es gäbe eine Gruppe außergewöhnlich großer Anabäume etwa 16 km nordwestlich von Mokopani in der Provinz Limpopo. Der südafrikanische Dichter Eugène Marais liebte diese Bäume und hatte verkündet, sie seien höher als Mammutbäume. Die Behörden erklärten die Bäume daraufhin zum nationalen Denkmal. Autoren kann man kleine Übertreibungen sicher verzeihen: Experten haben die Bäume vor Kurzem vermessen und festgestellt, dass sie nicht 80 Meter, sondern 80 Fuß (24 Meter) hoch waren, ein Viertel der Höhe der Mammutbäume. Aber es freut mich, dass sie ihren Status als nationale Denkmäler dennoch behalten haben.

Impalas in Soutpansberg in der Provinz Limpopo.

Anabäume am Chongwe in Sambia. Erstaunlicherweise ist ihr Blattwerk im Winter am üppigsten, wenn die anderen Bäume unbelaubt sind. Diesen Bäumen haben jedoch Elefanten zugesetzt.

Ein Baum für eine Halskette

Von den Blüten der Afzelia *(Afzelia quanzensis)* geht in jeder Hinsicht ein gewisser Zauber aus. Im Frühling öffnen sich die grünen Knospen, eine nach der anderen, zu vier grünen bootförmigen Kelchblättern. Aus diesen erwachsen ein einziges, leuchtend rötliches Kronblatt und eine Fülle gelber Staubgefäße. Die Blüten summen nur so vor Bienen und anderen Insekten, die dem Duft nicht widerstehen können. Es war Herbst, als ich den Tembe Elephant Park an der Grenze zu Mosambik besuchte, um dort die Afzelia-Wälder kennenzulernen. So habe ich die Blüte leider verpasst. Aber dafür haben die reifen Samenkapseln einen immensen Wert.

Man stelle sich eine kleine Schmuckschatulle vor, ausgelegt mit weißer Seide, darin sechs pechschwarze Juwelen mit einer scharlachroten Spitze. Das findet man in etwa beim Aufbrechen der 20 cm langen, braunen, leicht gebogenen, holzigen Samenkapseln der Afzelia. Botanisch gesehen sind es Hülsenfrüchte – glänzende, schwarze, längliche Bohnen mit einem roten Samenmantel, die in weißes Mark eingebettet sind. Den Zulus gilt der Baum als der *mkehli,* der »Verlobte«. Die glänzenden schwarzen Bohnen mit der roten Kappe stellen die Zulu-Jungfrau mit dem romantischen, rot-ockerfarbenen Kopfschmuck dar, den sie in den Wochen vor der Hochzeit trägt.

Auch das Holz findet Verwendung. Das Kernholz ist außergewöhnlich hart, und der Baum hält spielend leicht dem Angriff von Termiten stand. So ist die Afzelia in Simbabwe das bevorzugte Material für Trommeln und in KwaZulu-Natal für Zierschnitzereien. Leider wird der Baum immer seltener, wir fanden nur ein oder zwei Bäume von einer gewissen Größe. Die ersten Siedler holzten sie in großen Mengen ab, um Ochsenkarren, Brücken und Eisenbahnstrecken zu bauen, denn das Holz eignete sich ganz hervorragend für Eisenbahnschwellen.

In Tembe gibt es viele, aber nicht zu viele Elefanten. So werden die Afzelien hier mit Sorgfalt behandelt. Elefanten und Paviane fressen die Samen, aber freundlicherweise hatten sie genug für uns übrig gelassen. Ich nahm einen ganzen Korb voll mit. Aus den schwarz-roten Bohnen werden in jedem Souvenirladen Halsketten und Talisman-Armbänder abgeboten, aber ich bin sicher, dass sie mehr Glück bringen, wenn man sie selbst auffädelt. Und die Bohnen besitzen, wie so viele afrikanische Samen, Wurzeln und Rinden, sowohl eine medizinische wie auch eine magische Bedeutung. Wer von einem unangenehmen tropischen Leiden befallen wird, zerreibe die schwarz-rote Bohne, gebe etwas Pythonfett hinzu und reibe es auf die befallene Stelle. Das helfe immer, heißt es in KwaZulu.

Oben: *Junge Afzelia im Tembe Elephant Park, KwaZulu-Natal.*

Links: *Innen sieht die Hülsenfrucht wie eine Schmuckschatulle aus.*

Von Fieberakazien und Webervögeln

Zu Kiplings Zeiten entdeckte sein Elefantenjunge, dass die großen, graugrünen, glitschigen Ufer des Limpopo »überall mit Fieberakazien bestanden« waren. Und Kipling würde wohl mit Erleichterung hören, dass sich seitdem nichts geändert hat. Eigentlich springt einem die leuchtend gelbe Rinde der Fieberakazien im gesamten nordöstlichen Lowveld ins Auge, besonders an den Ufern der großen Flüsse und in den Schwemmebenen. Als Baum-Fan muss ich zugeben, dass ich bei einigen Arten dorniger Bäume ziemlich ratlos bin – denn die riesige Gattung der Akazien ist in jeder Hinsicht eine dornige Angelegenheit. Begegne ich aber einer Fieberakazie *(Acacia xanthophloea)*, spüre ich Erleichterung: Die wie bestäubte, gelbgrüne Rinde macht den Baum einzigartig. Und ich meine nicht nur den Stamm. Der gesamte Baum, vom Stamm bis zu den Zweigen im Blätterdach, ist in diese unheimliche Farbe des Neides getaucht.

In Afrikaans heißt er »Koorsboom«, was ebenfalls Fieberbaum bedeutet. Und der Name passt hervorragend. Natürlich überträgt der Baum nicht, wie einst angenommen wurde, Malaria. Es heißt, Menschen hätten früher die Hand vor die Nase gehalten, wenn sie an einer Fieberakazie vorbeigingen. Seit den 1890er-Jahren weiß man jedoch, dass es die Anopheles-Stechmücke und nicht der Baum ist, die den Malariaparasiten überträgt und daher der erfolgreichste aller Feinde des Menschen ist. Aber der Baum liebt Malariagegenden: Wasserläufe und Sümpfe. Diese Vorliebe und seine unheimliche Farbe gaben ihm seinen unheilvollen Namen.

Ich kenne zwei Wildreservate, die für ihre Fieberakazien bekannt sind, aber mit Sicherheit gibt es

Unten: *Fieberakazien im Ndumu-Reservat, KwaZulu-Natal, und »harmlose« Krokodile am Ufer.*

Unten rechts: *Die Fieberakazie im Phinda-Wildreservat wird von Webervögeln und einem Adler bewohnt.*

Tausende weitere stattliche Exemplare in den entlegeneren Teilen des Lowvelds. Das erste Reservat ist das der Gettys, ein Privatreservat in Phinda, zu dem etwa 15 km Flussufer und Schwemmland zählen. Ein wahrhaft zauberhafter Ort und ein natürliches Schutzgebiet für jegliche Tierart, einschließlich Giraffen, Weißer Nashörner und Löwen. Leider wurden in letzter Zeit zu viele Elefanten in das Reservat aufgenommen, jedenfalls, wenn es nach den Fieberakazien ginge. Die Elefanten sind Flüchtlinge aus dem Überschuss des östlich gelegenen Krüger-Nationalparks. In den letzten Jahren wurden zahlreiche der schönsten Fieberakazien von diesen Neuankömmlingen umgestoßen, da Elefanten ungeduldig sind und von den zarten grünen Blättern naschen wollen, und die gelben Stämme leisten zu wenig Widerstand. Nach einigem Suchen fand Henrik, mein Führer, aber ein schönes Exemplar für mich, in dem sich Webervögel und auch ein einsamer Adler eingenistet hatten.

Das zweite Reservat ist das Ndumu Game Reserve, das eine Schwemmebene an der Grenze zu Mosambik umfasst. Neben dem kleinen See gibt es einen Wald mit prächtigen Fieberakazien – und ebenso prächtigen Krokodilen. Offensichtlich verlassen sie den See im Winter kurz nach Sonnenaufgang und nehmen ein Sonnenbad an den schlammigen Ufern. Ich wollte mein Glück dort im Juli versuchen, also mitten im Winter. Meine Führerin war die berühmte Naturforscherin Elsa Pooley, deren verstorbener Ehemann Tony ein weltweit anerkannter Krokodilexperte war. Um die schönsten Bäume fotografieren zu dürfen, brauchte ich das Wohlwollen – die Einwilligung sozusagen – jener prächtigen Krokodile. »Und warum nicht?«, sagte Elsa, als wir in einem geliehenen Geländewagen die Piste am blauen See hinunterfuhren. »Im Winter sind die Krokodile ziemlich harmlos. Die Luft ist zu dieser Jahreszeit zu kalt, als dass sie wirklich Appetit bekommen würden.«

Es gibt Tage, an denen der Amateur den Rat des Fachmanns respektvoll ignorieren muss: Ich hielt einen Sicherheitsabstand von 100 Metern zu den Krokodilen und fotografierte nur vom Wagen aus.

Der Duft von zerstoßenem Sesam

Botaniker werden sich niemals darüber einig sein, wo genau die Trennlinie zwischen einem Strauch und einem Baum zu ziehen ist. Kein Wunder, dass einige den Sesambusch *(Sesamothamnus lugardii)* respektvoll mit dem Prädikat Baum versehen. Und warum auch nicht? Er kann bis zu fünf Meter hoch werden, mit einem Bauch so dick wie bei einem Mini-Baobab. Im Februar 2007 entdeckte ich einen ganzen Hain unweit der Hirtenbäume im sandigen Bushveld auf der zu Botsuana gehörenden Seite des Limpopo. Viele von ihnen waren von Elefanten entwurzelt worden, und ein Hauch von zerdrücktem Sesam hing in der Luft, oder jedenfalls etwas, was ich dafür hielt. Das Exemplar, das ich hier ausgewählt habe, ist eines der baumähnlichsten mit den geringsten Schäden.

Die Familie der Sesamgewächse *(Pedaliaceae)* ist klein und geheimnisvoll. Die dornigen Bäume sind nur entfernte Verwandte der süßlich duftenden Sesampflanze, die durch das Märchen in Tausendundeiner Nacht berühmt wurde, in dem Ali Baba das Losungswort der vierzig Räuber »Sesam, öffne dich!« lernt. Im südlichen Afrika gibt es drei Arten, unter denen der Limpopo- oder Transvaal-Sesambaum der bekannteste ist. Einige Autoren haben sie als »grotesk« bezeichnet. Ich gestehe, dass sie auf jeden Fall bizarr sind, wie die meisten Sukkulenten. Aus dem aufgeblähten Bauch erstrecken sich einige dornige Stämme und Äste, die sich so rasch verjüngen, dass sie eher wie Wurzeln anmuten. Und eigentlich könnte man ihn, genau wie den Baobab, als den »Baum, der auf dem Kopf steht«, bezeichnen. In jeder anderen Hinsicht unterscheiden sich die beiden aber grundsätzlich. Die Rinde ist grau oder gelb mit schwarzer Maserung. Die winzigen Blätter wachsen aus den Achseln der Zweige heraus – das heißt: aus dem Winkel, in dem die Dornen an den Zweigen stehen. Am auffälligsten ist, dass die Blüten vor den Blättern erscheinen – und deren überwältigende Eleganz an einem derart merkwürdigen, dornigen Geschöpf. Unter dem Baum im Sand konnten wir die letzten von ihnen noch sehen: Innen sind sie weiß, außen rosa-weiß, und sie duften köstlich.

Wer mag dieser Lugard gewesen sein, der jener Art seinen Namen verlieh? Die Botaniker sind sich uneins, welcher der beiden englischen Brüder geehrt werden sollte, als der berühmte deutsche Botaniker und Forschungsreisende Friedrich Welwitsch den Sesambaum benannte. War es der Staatsmann des Empire, Lord Lugard, jener Mann, der 1892 allein mit seinem Maschinengewehr Uganda vor den Franzosen rettete? Oder war es sein nicht näher bekannter jüngerer Bruder, Major Edward Lugard? Major Edward wäre wohl passender. Er jagte Pflanzen wie auch Löwen und war letztlich wie der Sesambaum: ein merkwürdiges, eher dorniges Wesen.

Ganz links:
Ein Sesambusch im Charter Reserve, Botsuana.

Links: *Ein Sesambusch nach der Begegnung mit einem Elefanten.*

Oben: *Die Elefanten am Wasserloch im Megwe Camp im Charter Reserve, Botsuana, sind nicht so lieb und harmlos, wie sie aussehen.*

Der Baum mit weißem Hintern

Seit Langem wollte ich einen großen Weißen Hirtenbaum fotografieren: Sein kalkiges Weiß hat die Menschen schon immer fasziniert. Die Afrikaander verwenden für ihn den derben Namen »Witgat«, »weißer Hintern«. Unter Botanikern ist er etwas steifer als *Boscia albitrunca* bekannt, *Boscia* mit dem weißen Stamm, ein Name, der auf den Künstler und Naturforscher William Burchell zurückgeht. Die Bäume gedeihen in einem großen Bogen, der sich von Namibia und Botsuana bis zum trockenen Norden und Westen Südafrikas erstreckt. Aber geeignete Exemplare waren mir immer entgangen, bis ich im Februar 2007 im heißen, sandigen Buschveld am Limpopo auf eine ganze Gruppe Hirtenbäume stieß.

Die Elefanten hatten zwar die meisten anderen Bäume umgestoßen, die Hirtenbäume aber, wie durch ein Wunder, unversehrt gelassen. Das leuchtet auch ein, da die olivgrünen, ledrigen Blätter von den Elefanten als Futter sehr geschätzt werden. Zahlreiche andere Tiere naschen ebenfalls von den Blättern oder nagen in Trockenperioden am Stamm – insbesondere Wild, Affen, Ziegen, Esel und Pferde. (Schafe scheinen sich eigenartigerweise nicht sonderlich für den Hirtenbaum zu interessieren. Vermutlich sind die Blätter für sie unerreichbar, und die Bäume bieten ihnen somit nicht viel mehr als Schatten.)

Für Landwirte waren die Bäume in schwierigen Zeiten immer ein Geschenk des Himmels, lieferten sie doch zusätzliches Futter für das Vieh, wenngleich der Genuss der Blätter die Farbe der Milch verändern kann. Im zweiten Burenkrieg (1900–1902), einem Guerillakrieg gegen die Briten, ging den Buren irgendwann der Kaffee aus. Die Wurzeln des Hirtenbaums, geröstet und gemahlen, bildeten hier einen hervorragenden Ersatz – »witgatkoffie« (»Weißer-Hintern-Kaffee«). Die getrockneten, gemahlenen und gesiebten Wurzeln ergeben auch eine Art Brei oder Sirup. In Pulverform sollen die Wurzeln, so sagt man, die wundersame Eigenschaft besitzen, Milch nicht sauer und Butter nicht ranzig werden zu lassen. Eingelegt in Essig sollen die Blütenknospen besser schmecken als die europäischen Kapern.

Hat dieser Baum auch Nachteile? Mir sind keine bekannt. Er ist der Musterbaum schlechthin. Ihn würde ich auf eine einsame Insel mitnehmen, falls ich nur einen einzigen auswählen dürfte. Im Frühling bringt das schöne, runde, immergrüne Blätterdach eine Vielzahl kleiner, gelbgrüner Blüten hervor, die einen schweren, süßen Duft verströmen. Schmetterlinge wie *Belenois aurota* und *Colotis regina,* beide aus der Familie der Weißlinge, finden sie unwiderstehlich.

Vielleicht gibt es ja doch einen Nachteil. Der Hirtenbaum sieht seinem nahen Verwandten, dem Stinkenden Hirtenbaum oder »Stinkwitgat« *(Boscia foetida),* der im selben heißen, trockenen Bushveld gedeiht, zum Verwechseln ähnlich. Von diesen dornigen, graustämmigen Geschöpfen sahen wir unten am Limpopo sehr viele, und tatsächlich könnte man sie leicht für Hirtenbäume halten, deren weißer Stamm von Elefanten angenagt wurde. Man stelle sich nur vor, man hätte auf der einsamen Insel den falschen Baum im Gepäck! Glücklicherweise war die Blütezeit dieser Bäume schon vorbei, als wir kamen. Doch tragen sie ihren Namen wohl zu Recht, und ihre gelbgrünen Blüten stinken zum Himmel.

Hirtenbaum im Charter Reserve. Die Blüten seines nahen Verwandten stinken buchstäblich zum Himmel.

»Sei gegrüßt, oh Vater!«

Als ich vor knapp vierzig Jahren das erste Mal nach Südafrika kam, hatte ich noch nie etwas vom Ahnenbaum gehört, weder tot noch lebendig. Dann entdeckte ich die eleganten, gewundenen Säulen auf der »Stoep«, der Veranda, am Haus eines Freundes. Sie waren aus dem Holz des Ahnen- oder Eisenholzbaums gefertigt und fast so hart wie Stein. Später erfuhr ich, dass der Vendaname »Steinbaum« bedeutet. Das europäische Pendant dazu ist die düstere Eibe, die in abgestorbenem Zustand ziemlich edel aussieht. Eibenholz ist so hart, schwer und haltbar, dass ein toter Baum im Wald problemlos weitere fünfzig Jahre stehen kann, ohne wirklich Verfallserscheinungen zu zeigen. Der Ahnenbaum *(Combretum imberbe)* ist aber ein noch eleganterer Leichnam. Graf Dracula hätte an dem Baum gewiss Gefallen gefunden. Man könnte sogar behaupten, dass der Ahnenbaum erst wirklich lebendig wird, wenn er tot ist.

Im Januar 2007 fotografierte ich einen der größten lebenden Ahnenbäume im Krüger-Nationalpark. Er steht auf einer kleinen, mit Gras bewachsenen Lichtung im Busch, gegenüber einer Brücke, wo es den Reisenden gestattet ist, einen *Braai* zu machen oder eine Party im Busch zu feiern. Bestimmt werden unter dem Baum die ungehörigsten Zechlieder gesungen, und ich wette, der Baum findet das nicht sonderlich witzig. Er ist ein düster dreinblickendes, zweistämmiges Geschöpf mit kleinen grünen Blättern. Ehrlich gesagt, nicht sonderlich beeindruckend im Vergleich zu einigen anderen glücklichen Bäumen in diesem Park, vor allem den großen Sykomoren und den Mashatu am Flussufer. Das Eleganteste an einem lebenden Ahnenbaum ist seine weißlich graue Rinde. Sie ist in kleine Rechtecke zerteilt, etwa wie die Rinde der europäischen Eiche. Unten in der Schwemmebene des Limpopo, auf der zu Botsuana gehörenden Seite, fand ich ein noch größeres Exemplar. Hier im Charter Reserve haben Elefanten vor Kurzem die meisten Bäume übel zugerichtet. Der Ahnenbaum hat jedoch Wurzeln wie Stahl, und das riesige Exemplar wies keine Schäden auf. Doch war auch dieser Baum auf merkwürdige Weise unspektakulär. Für meine Augen, die an die Riesen der europäischen Wälder gewöhnt sind – die alten Eichen im polnischen Bialowieza oder die hoch aufragenden Buchen in den Wäldern um Brüssel –, war die Jagd nach dem Ahnenbaum ein wenig ernüchternd.

Nur knapp zwei Kilometer entfernt fand ich dann aber doch, was ich suchte: einen der schönsten Ahnenbäume, die man sich nur vorstellen kann.

Links: *Zwei abgestorbene Ahnenbäume im Charter Reserve, möglicherweise das Opfer von Elefanten.*

Rechts: *Einer der schönsten Ahnenbäume im ganzen Krüger-Nationalpark.*

Sein grauer Stamm reckte sich zum Himmel empor, den Hintergrund bildete die riesige Masse eines Mashatu am Flussufer. Einer der großen Äste war abgebrochen, vielleicht ein Sturmschaden. Er lag noch immer neben dem Stamm, obwohl er möglicherweise schon vor langer Zeit gefallen war, denn die elegante Erscheinung war schon seit mehreren Jahrzehnten tot.

Die Ovambo und Herero im Norden Namibias begegnen dem Ahnenbaum mit der Ehrfurcht, die sie einem verstorbenen Vorfahren erweisen würden. Sie glauben, dass der Stumpf eines toten Baumes, der bis heute im südlichen Ovamboland zu sehen ist, der Rest eines Urbaumes ist, aus dem die gesamte Schöpfung hervorging: Schafe, Vieh, Löwen, Elefanten und Menschen. So grüßt jeder Ovambo und Herero, der einem – toten oder lebendigen – Ahnenbaum begegnet, diesen mit den Worten: »Sei gegrüßt, oh Vater! Gewähre mir eine glückliche Reise.«

Links: *Abgestorbener Ahnenbaum im Charter Reserve. Das Holz scheint nicht totzukriegen zu sein – Graf Dracula hätte seine Freude daran.*

Rechts: *Detailstudie eines abgestorbenen Ahnenbaumes im Okawango-Delta.*

Nomaden

Das Verschwinden der Köcherbäume

Im Winter schmücken die gelben Blüten des Köcherbaums *(Aloe dichotoma)* für wenige Wochen das weite Ödland des nordwestlichen Kaplands und Namibias. Sie duften wie Honig und ziehen schon bald Maus- und Nektarvögel sowie Bienen an, die sich alle von ihrem Nektar ernähren. Paviane und andere Affen – und Kinder – sind weniger rücksichtsvoll: Sie essen einfach die ganze Blüte.

Der Köcherbaum ist der aufsehenerregendste unter den etwa 130 Arten von Aloe, die im südlichen Afrika, vor allem in sehr trockenen Gegenden, gedeihen. Die meisten unter ihnen sind lediglich ansehnliche Sträucher, deren Blütenfarben von Scharlachrot bis Orange und von Rosa bis Gelb reichen. Der Name Köcherbaum, in Afrikaans *Kokerboom,* wurde der Pflanze von niederländischen Einwanderern verliehen, die bemerkt hatten, dass Buschmänner und Hottentotten die hohlen Äste als Köcher für ihre Pfeile verwendeten. Der Baum ist eine einkeimblättrige Pflanze wie auch Palmen und zählt, seltsamerweise, zu der viele Tausend Arten umfassenden Ordnung der Spargelartigen, den *Asparagales*. Dementsprechend ist sein Inneres nicht holzig, sondern wie Pappmaschee. Ein toter Köcherbaum, selbst mit einem Umfang von gut einem Meter, lässt sich problemlos über die Schulter schwingen: Es macht garantiert Eindruck, wie ich nach einem Selbstversuch bestätigen kann.

Tatsächlich mutet der Köcherbaum eher wie eine Theaterrequisite an, ein aufblasbarer Plastikbaum mit hellblauen Triebspitzen und gelber abblätternder Rinde, die aussieht, als würde sie einen neuen Anstrich benötigen. Unweigerlich haben ihm seine Bewunderer zugesetzt. In den kleinen Orten in der Nähe des Orange River trifft man auf manch einen Köcherbaum im Exil – ein ansehnlicher Baum, der aus dem Veld gerissen wurde und sich mit dem Leben im Vorstadtgarten noch nicht so richtig abgefunden hat.

Glücklicherweise konnte ich die Spur des Kokerbooms zu den zwei glühenden Wüsten zurückverfolgen, in denen er sich am meisten zu Hause fühlt. Am eindrucksvollsten wirkt er im Richtersveld-Nationalpark, einer Landzunge Südafrikas, die nach Namibia hineinreicht. Im Norden ist der Park von einer Schleife des Orange River eingefasst, bevor dieser sich in die eisigen Gewässer des Südatlantiks stürzt. Die Landschaft ist spektakulär: auf der einen Seite des Flusses die terrassenförmigen Bergformationen Namibias, auf der anderen das Richtersveld mit seinen wüsten Ebenen und riesigen Granitblöcken, die bedrohlich auf Hügelkuppen und Bergflanken lagern. Der atemberaubendste unter ihnen ist Die Toon (»Der Zeh«, ich könnte mir auch andere, weniger feine Namen vorstellen), wo wir unser Zelt aufgeschlagen haben.

Der zweite Ort, an dem man den Kokerboom betrachten sollte, liegt im südlichen Namibia, in der Nähe des Ortes Keetmanshoop. Seit vielen Jahren werden Reisende von diesem außergewöhnlichen Wald angezogen: Auf einer steinigen Hochfläche aus scharlachroten Felsen und grünen Salbeibüschen wetteifern dort 200 oder noch mehr Köcherbäume um den besten Platz. Ich war im Januar dort, im Hochsommer, und somit leider zu spät für die gelben Blüten. Zu meinen Reisegefährten zählte Beezy Bailey, Prosperos Bruder und ein begabter Künstler. Beezy machte sich sogleich bei den Köcherbäumen an die Arbeit – todesmutig: Bei der Hitze hätte man problemlos ein Spanferkel auf der Kühlerhaube grillen können. Er hielt drei märchenhafte Bäume auf seiner Leinwand fest. Ich wartete auf die Kühle des Abends und wurde mit einem hochdramatischen Gewitter belohnt. Kurz nachdem ich die entscheidenden Aufnahmen im Kasten hatte, war ich nass bis auf die Knochen.

Im Richtersveld sind die ältesten Köcherbäume möglicherweise 100 Jahre alt, und deutlicher als die meisten alten Wesen blicken sie den Fotografen mit einer gewissen Erschöpfung an. Es ist traurig: Sie sterben aus, und zwar, hier im trockensten Teil des Northern Cape, ziemlich schnell. Wir sahen zahlreiche tote Bäume, von denen es einige wohl erst vor ein oder zwei Jahren dahingerafft hatte. Junge Bäume fanden wir keine. Einer der Experten, der das Richtersveld seit über 30 Jahren kennt, meint, der Klimawandel sei schuld, und die schon immer kaum nennenswerten Niederschläge hätten sich nun zuungunsten des Köcherbaums entwickelt. Ich hoffe, er hat unrecht.

Ein einsamer Köcherbaum am Eingang zum Tal von Die Toon (»Der Zeh«) im Richtersveld-Nationalpark, Northern Cape. Der Baum könnte auch eine Theaterrequisite sein.

Köcherbäume zwischen den Granitblöcken von Die Toon. Die Bäume sterben dahin, möglicherweise aufgrund des Klimawandels.

Detailstudie im Köcherbaumwald bei Keetmanshoop im südlichen Namibia.

Links: *Abblätternde Rinde.*

Oben: *Blätter.*

Sonnenuntergang im Köcherbaumwald.

Der Baum, der die Wüste liebt

Im Gegensatz zum Anabaum, der das ruhige Leben am Flussufer vorzieht, gedeiht ein anderer Vertreter der Akazien, der Kameldorn *(Acacia erioloba)*, in der Wüste recht üppig. Einer der schönsten, den ich fand und fotografierte, wächst am Rand eines alten Vulkans an einem der heißesten und trockensten Orte Namibias. Man sehe sich nur sein leuchtend grünes Blätterdach an, dicht genug, um dem Reisenden oder einer Herde Antilopen an einem heißen Tag Schatten zu spenden, und die äußerst nahrhaften Früchte, die das Herz jedes Elefanten höherschlagen lassen.

Wie gedeiht er nur so perfekt in dieser Ödnis? Das Geheimnis des Kameldorns liegt darin, dass seine Wurzeln außergewöhnlich tief in den Sand dringen können. Ein Brunnenbohrer berichtete von Kameldornwurzeln, die er in einer Tiefe von über 50 Metern entdeckt hatte, wo der Baum auf eine Quelle gestoßen war. Aber natürlich kann auch ein Kameldorn durch Wassermangel sterben, wenn nämlich der Regen ausbleibt – wie es im letzten Jahrzehnt mehrere Jahre in Folge tatsächlich geschah.

In Namibia zählt der Baum zu den geschützten Arten, und man stößt in den wildesten Gegenden auf schöne Exemplare. Das Fällen eines Baumes würde hier sowohl gegen ein Tabu als auch gegen das Gesetz verstoßen. Auch in Südafrika steht er mittlerweile unter Schutz. Vor 170 Jahren berichtete der Missionar Robert Moffat von »Überresten der alten Kameldornwälder«. Doch die Wälder sollten schon bald verschwinden, denn sowohl Afrikaner wie auch Europäer fanden das Holz für ihre Zwecke hervorragend geeignet. Die Afrikaner fertigten daraus Löffel und Messergriffe, außerdem war es hervorragendes Brennholz. Den Europäern diente es als Rohstoff für die neuen Industrien. Das Kernholz ist so hart, dass sich mit der Axt Funken abschlagen lassen. Zu Beginn des Diamantabbaus stellten die Ingenieure aus ihm Achslager für Maschinen sowie Stützbalken für Gruben und Wagen her. Die Neuankömmlinge fällten Abertausende Kameldorne als Brennholz. Heute sind in der Umgebung von Kimberley oder überhaupt im nordwestlichen Cape, wo der Baum einst verbreitet war, nur noch sehr wenige schöne Exemplare erhalten. Einer der großartigsten stand in einem Garten in einem Vorort von Kimberley, in der Nähe der Diamantenmine von Big Hole. Unter diesem Baum soll Cecil Rhodes in den frühen 1870er-Jahren seine ersten Diamanten sortiert haben. Doch wurde der Baum ein Jahrhundert später schließlich auch gefällt – er musste einem Wohnblock weichen.

Zwei weitere berühmte – oder berüchtigte – Kameldorne überlebten an der großen Straße nach Norden zwischen Potgietersrust und Nylstroom. Sie gelten als nationale Denkmäler und sind mit einer Gedenktafel versehen: »In Erinnerung an die 33 Voortrekker, die 1854 auf verräterische Weise von Makapan ermordet wurden«. Die Gruppe wurde von Hermanus Potgieter angeführt, und, so heißt es, Kinder sollen an die Kameldornbäume geschmettert und umgebracht worden sein.

Der Name »Kameldorn« beruht im Übrigen auf einem Versehen. Im Jahr 1760 entdeckte Jacobus Coetse die Art – der erste Bürger der Kap-Kolonie, von dem offiziell festgehalten wurde, dass er die Kolonie verließ, um sich im unbekannten Territorium jenseits des Orange River niederzulassen – und nannte sie »Kameeldoring«, was dann falsch ins Englische übersetzt wurde. In Afrikaans hat das Wort keinen Bezug zu Kamelen, es bedeutet vielmehr »Giraffendorn« und verweist auf die erstaunliche Fähigkeit dieser Tiere, trotz der großen weißen, wie Büffelhörner gebogenen Dornen von den Blättern zu fressen. Andere Tiere geben sich mit den dicken, grauen, ohrenförmigen Hülsenfrüchten zufrieden, die vom Wind herabgeweht werden. Elefanten schütteln einfach den gesamten Baum, sodass die Früchte herunterfallen.

Der Baum besitzt nur wenige Untugenden, wenngleich er sich mit den erwähnten riesigen weißen Dornen natürlich heldenhaft zur Wehr setzt, wenn man ihm zu nahe kommt. Doch hat er einige andere Haken, etwa die blutsaugenden Lederzecken, die sich im Boden in seinem Schatten eingraben. Dort warten sie auf den ahnungslosen Reisenden, Mensch oder Tier, der sich im Schatten zur Ruhe legt. Zum Glück kann sich das Opfer retten, indem es einfach zurück in die Sonne geht, da die Zecke weder Licht noch Hitze verträgt.

Eine Echse auf dem Sprung, Namibia.

Ein ernsthafterer Nachteil des Baums ist, dass er der Tsetsefliege großzügig Asyl bietet: eine Gastfreundschaft, die ihn sehr teuer zu stehen gekommen ist. Die tödliche Tsetsefliege, die sich von menschlichem und tierischem Blut ernährt, überträgt Parasiten, die beim Menschen die Schlafkrankheit und beim Vieh die verwandte Nagana-Seuche übertragen. Die Zwischenwirte sind Wildtiere wie Kudu, Büffel oder Warzenschweine, die gegen die Seuche selbst immun sind. 1962 stieg die Zahl der Tsetsefliegen in Botsuana plötzlich besorgniserregend stark an. Es wurde angenommen, dass den Kameldorn zumindest einen Teil der Schuld traf, da sein Schatten der Tsetsefliege hervorragende Bedingungen bot. Infolgedessen setzten die Behörden eine dreifache, millionenschwere Vernichtungskampagne in Gang: Sämtliche Kameldorne in den Tsetse-Gebieten wurden gefällt oder vergiftet, das Wild erlegt und das gesamte Land mit Dieldrin, einem tödlichen, lang wirkenden Insektizid gespritzt. Doch blieb die erhoffte Wirkung aus. Schließlich fand man ein neues, sichereres Mittel, Endosulfan, um die Tsetsefliege in Schach zu halten. Kameldorne und Wild waren begnadigt – nachdem Abertausende von Bäumen und Tieren Opfer eines sinnlosen Gemetzels geworden waren.

Ein glücklicher Kameldorn in der Wüste bei Messum Crater, Namibia. Seine Verwandten in Botsuana hatten längst nicht so viel Glück.

Bergbewohner

Weihnachten unter Oliven

Ich habe Weihnachten noch nie auf der Südhalbkugel verbracht, aber Plumpudding und Brandybutter lägen bei über 38 °C im Schatten vermutlich schwer im Magen. So tut man in Südafrika gut daran, das Fest mit einem *Braai* mit gegrilltem Wasserbock oder Kudu zu begehen. Welcher Ort wäre dafür besser geeignet als ein kühler Berggipfel?

Seit knapp hundert Jahren feiern zwei Familien aus der Weingegend von Paarl Weihnachten, indem sie eine Woche lang auf dem 600 Meter hohen Gipfel des örtlichen Berges zelten. Natürlich sind die ursprünglichen Camper längst verstorben, doch ihre Nachkommen halten die Tradition seit drei oder vier Generationen mit großer Begeisterung aufrecht. Auf einem großen Felsen in der Nähe des Zeltlagers sind die Namen von etwa 30 ihrer Kinder zusammen mit der Jahreszahl »1908«, als alles begann, festgehalten. Der Berg ist für dieses weihnachtliche Zeltlager berühmt – und für einen Kreis alter Olivenbäume, sozusagen die Juwelen der Bergkrone.

Ich kann mir vorstellen, wie die erste Generation den Berg mit Wagen und Karren erklommen hat. Die heutige Generation nimmt hierfür wohl Mountainbikes, da mittlerweile eine unbefestigte Straße bis nach oben führt. Im Januar 2007 nahmen mich großzügige Freunde dorthin mit, unter ihnen auch der Botaniker John Rourke, ehemaliger Leiter des Herbariums in Kirstenbosch. Die Reste des weihnachtlichen Lagerfeuers waren noch zu sehen, aber natürlich galt unser Interesse den Olivenbäumen, die uns nicht enttäuschten.

Innerhalb eines Rings riesiger Granitfelsen fanden wir den Kreis der mächtigen alten Olivenbäume. John meinte, die Bäume seien mit Sicherheit wild und waren vermutlich bereits mehrere Hundert Jahre alt, als die ersten Camper sich den Berg hinaufquälten. Einige wuchsen unmittelbar zwischen den Felsen empor, fast alle waren knorrig und gewunden. Wie hatten sie die zahlreichen Grasfeuer überstanden, die den Berg in den letzten Jahrhunderten immer wieder heimgesucht hatten? Die Felsen hätten sie geschützt, meinte John, sie bildeten eine natürliche Barriere gegen das Feuer. Ich erinnerte mich, gelesen zu haben, dass die ältesten wilden Exemplare zahlreicher Arten häufig in »Kloofs« (Felsschluchten) gefunden wurden, gut geschützt vor den Flammen.

»Und die Felsblöcke haben die falschen Oliven ebenfalls geschützt.« Johns professionelles Auge

Links: *Ein alter Olivenbaum in einem Garten in Wellington, Western Cape.*

Rechts: *Felsen auf Paarl Mountain, Western Cape. Seit 1908 wird hier zu Weihnachten gezeltet.*

hatte sofort entdeckt, dass den meisten Olivenbäumen *(Olea europaea* ssp. *africana)* ein jüngerer Baum zur Seite stand, ein olivenähnlicher Baum namens *Maytenus oleoides.* »Sie sind jünger als die richtigen Oliven. Ich nehme an, in jedem der alten Bäume saß ein Vogel und spuckte den Kern aus, der den jüngeren Baum hervorbrachte.«

Für Europäer mutet der wilde Olivenbaum im südlichen Afrika auf beruhigende Weise vertraut an. Und das sollte er auch: Er ist europäisch und tatsächlich auch asiatisch. Wenngleich er ein wahrer Sohn des Velds ist, reiste die erstaunliche Art um die halbe Welt, nachdem sie sich zu einem Baum entwickelt hatte. Eigentlich musste die Art, *Olea europaea,* niemals von Menschen auf interessanten neuen Böden und in entsprechenden Klimaregionen eingeführt werden, war sie doch bereits lange vor der Eiszeit selbst dorthin gereist. So ist sie heute an den grünen Ufern des Mittelmeeres ebenso heimisch wie an den steinigen Hügeln des Heiligen Landes wie an den grünen Bergen des Zululandes oder den unwirtlichen *Kloofs* der Karoo.

Zunächst nahmen südafrikanische Botaniker mit einem gewissen verständlichen Nationalstolz an, ihre Olive sei eine eigene afrikanische Art: *Olea africana,* im Gegensatz zu jener Europas (und Asiens), *Olea europaea.* Doch wurde die These schließlich verworfen. Man könnte behaupten, die »Lumper«, also die Botaniker, die für weniger Untergruppen eintreten, haben sich gegenüber den »Splittern« durchgesetzt, jenen Kollegen, die für eine stärkere Unterteilung sind. Es zeigte sich, dass beide Arten nahezu identisch sind, die afrikanische Olive somit lediglich eine Unterart ihrer europäischen Cousine ist. Aber wen kümmert das wirklich? Für mich ist der Olivenbaum der große Kosmopolit. Dieses Symbol des Friedens gehört der Welt, nicht einer bestimmten Region oder einem bestimmten Land. Ach, wie gerne hätte ich einen Olivenbaum in meinem kühlen Garten in Irland.

Ein alter Olivenbaum auf Paarl Mountain, der durch einen Kreis von schützenden Felsblöcken von Veld-Bränden verschont geblieben ist.

Im Land der Protea

Als die ersten Protea aus Südafrika zu Beginn des 17. Jahrhunderts nach Europa gelangten, trauten nicht nur die Botaniker ihren Augen nicht. Die schiere Pracht der Blüten versetzte die Öffentlichkeit in Erstaunen. Dann wurde allmählich deutlich, dass die Oleanderblättrige Protea *(Protea neriifolia)*, die von dem Botaniker Clusius in seinem 1605 erschienenen *Exoticorum Libre Decem* (Zehn Bücher exotischer Pflanzen) beschrieben und illustriert worden war, nur eine aus der großen und sehr alten Familie der Proteaceae ist. Heute weiß man, dass deren Vertreter in weiten Teilen Südafrikas und Australiens vorkommen und einige auch in Südamerika. Die Familie begann ihr Leben vermutlich in Gondwana, jenem Großkontinent, der bis vor 70 Millionen Jahren Afrika, Australien und Südamerika umfasste. Tatsächlich ist der Familienstammbaum der Proteaceae so alt, dass die ledrigen Blätter der heutigen *Protea* sich von jenen ihrer versteinerten Vorfahren vor über 100 Millionen Jahren kaum unterscheiden.

In der heutigen Botanik wird die Familie in mehr als 50 Gattungen und etwa 1000 Arten unterteilt, wobei sich die Namen und Zahlen erstaunlich häufig ändern. Am bekanntesten sind die zumeist strauchartig wachsenden Protea der Kap-Provinz, die wundervolle Blüten hervorbringen. Mich interessierte jedoch eine Protea, die als Baum wächst, und ich entschied mich für die kleine, knorrig wachsende Art, die die Wildnis der Drakensberge bevorzugt, den Silber-Zuckerbusch oder die Drakensberg-Protea *(Protea roupelliae)*. Schön wäre es, den Baum in Blüte zu erleben, vielleicht sähe man dann sogar einen Malachit-Nektarvogel, der mit seinem langen Schnabel nach Nektar sucht.

Unter der erneuten Führung von Elsa Pooley begab ich mich auf die Jagd nach einem fotogenen Exemplar. Elsa hat das Standardwerk zu den Bäumen der Region verfasst, und so öffneten sich uns auf dem Weg von Durban sämtliche Türen. Wir lebten in großem Luxus, doch von dem Silber-Zuckerbusch keine Spur. Schließlich trafen wir auf ein schmuckes Exemplar im Giant's Castle Reserve im Vorgebirge des »Berg«, wie die Drakensberge von den Einheimischen genannt werden. Die Blütezeit hatten wir verpasst, da wir Mitte Juli dort eintrafen, was für die Blüte der meisten Protea entweder zu spät oder zu früh ist. Doch der Standort entsprach genau meinen Vorstellungen.

Giant's Castle ist einer der Stützpfeiler der 3300 Meter hohen Bergkette und im Winter häufig schneebedeckt. Selbst in den Vorgebirgen weht im Winter häufig ein Wind aus dem Hochgebirge, doch scheint der Silber-Zuckerbusch gegen Kälte und Hitze relativ unempfindlich zu sein. Seine ledrigen Blätter – nach den Fossilien zu urteilen über 100 Millionen Jahre alt – passen sich hervorragend an beide Extreme an, auch geringe Nachtfröste richten keinen Schaden an. Und wenn ein Buschfeuer über das ausgebleichte braune Gras der Bergflanken fegt, geraten die Zuckerbüsche in Festlaune. Das Feuer ist in zweifacher Weise ihr Verbündeter: Zum einen zerstört es die Rivalen, während die knorrigen schwarzen Stämme und robusten graugrünen Blätter der Protea überleben. Im schlimmsten

Oben: *Silber-Zuckerbusch* (Protea roupelliae) *im Vorgebirge der Drakensberge in KwaZulu-Natal.*

Links: *Detail einer Blüte im Nationalen Botanischen Garten von Kirstenbosch in der Nähe von Kapstadt.*

Fall treibt aus den alten Wurzeln ein neuer Stamm mit neuen Blättern aus. Zum anderen sichert es ihnen die Fortpflanzung: Die haarigen kleinen Nüsse explodieren durch die Hitze der Flammen und schleudern die Samen auf den nackten Boden.

Ich fuhr zurück nach Durban und bedauerte nur, die Blüte des Baumes verpasst zu haben. Im Januar 2007 hatte ich jedoch das Glück, in Kirstenbosch, der Schatzkammer der heimischen Pflanzen zu Füßen des Tafelberges, die Blüte zu erleben. Wie bei allen Protea sind die eigentlichen *Blüten,* im botanischen Sinne des Wortes, nicht weiter bemerkenswert. Sie sind klein, unscheinbar und fast unsichtbar. Der sichtbare Teil sind die beeindruckenden Blütenköpfe, die in erster Linie aus blütenblattähnlichen Deckblättern bestehen. Die äußeren Deckblätter des Silber-Zuckerbuschs sind bräunlich, die inneren tiefrosa mit silbrig behaartem Rand.

Das Einzige, was jetzt noch fehlte, war ein Malachit-Nektarvogel, der in Kirstenbosch häufig vorkommt, auf der Suche nach Nektar. Mit ihrem metallisch schillernden Gefieder erinnern die Männchen an Kolibris, auch wenn sie nicht wie diese im Schwirrflug vor der Blüte stehen, sondern an dieser Platz nehmen. Aber dies sollte nicht der Augenblick für Vogelbeobachtungen sein: Von den Blüten des Silber-Zuckerbuschs verjagten mich geflügelte Hooligans – ein Schwarm feindseliger Wespen.

Ein Dornbusch im Garten Eden

Mein Freund Prospero hatte mir häufig und immer mit großer Begeisterung von der Lesheba Wilderness erzählt. Der Name »Wildnis« ist wohl kaum zutreffend, ein Garten Eden ist es, gelegen auf 600 Meter Höhe auf dem Soutpansberg. Die Bäume waren alle grün und gesund, schließlich gab es hier keine Elefanten, die sie hätten entwurzeln können. Es gab Silberbäume *(Leucadendron)* und »Kapeschen« *(Ekebergia capensis)*, ein Myrtengewächs namens *Syzygium cordatum* und hier und da eine Würgefeige, die dem Ganzen eine dramatische Note verlieh.

Zwischen den glücklichen Bäumen weideten große Herden zufriedener Tiere: Impalas, Wasserböcke, Kudus, Gnus, Giraffen, Weiße Nashörner (das sind die gutmütigen). Doch wie sollte ich den Schlüssel zum Tor dieses Paradieses bekommen? Eine entsprechende Kreditkarte sei äußerst hilfreich, sagte man mir, eine Hütte im Venda-Dorf wäre mir sicher.

So entfloh ich Ende Januar 2007, im Hochsommer, der Hitze des Limpopo Lowveld und fuhr nach Lesheba, einem grünen Tal in den Bergen hoch über der Ebene. Mein Ziel war ein dorniger Baum, der allein oberhalb eines weiten Tals stand. Prospero hatte ihn vom Flugzeug aus gesehen. Er war sich nicht sicher, um welche Baumart es sich

Die Lesheba-Wildnis: ein Garten Eden auf einer Höhe von 600 Metern auf dem Soutpansberg in der Provinz Limpopo.

Links: *Gnus im Schatten einer »Kapesche«* (Ekebergia capensis).

Rechts: *Giraffen vor einem Hintergrund von Silberbäumen* (Leucadendron).

handelte, wusste aber, dass er mir gefallen würde, ja, dass ich ihn vielleicht sogar zu den großartigen Exemplaren zählen würde.

Ich verbrachte vier Nächte im Venda-Dorf: Ein einmaliges Erlebnis, die Besitzer dieser Wild-Farm hatten eine berühmte Venda-Bildhauerin, Norina Mabasa, mit dem Entwurf eines Dorfes beauftragt, das den Luxus moderner Chalets mit den Formen eines traditionellen Venda-Dorfes verbindet. Die Außenwände und Eingänge der Hütten stattete sie darüber hinaus mit Porträtskulpturen aus.

Am zweiten Tag nahm mich Peter Straughan, der Schwiegersohn der Besitzer John und Gill Rosmarin, in der Morgendämmerung mit zu dem einsamen dornigen Baum, und er war tatsächlich großartig! *Acacia sieberiana* var. *woodii*, eine der vielen Akazienarten, erreicht nur selten solche Dimensionen wie dieses Exemplar, und der Standort war außergewöhnlich bemerkenswert. Um den Baum herum standen im frühen Morgenlicht wie angekündigt die Tiere: Gnus, Impalas, Giraffen und das gutmütige Weiße Nashorn mit einem Kalb.

Doch manchmal stolpert man ins Paradies hinein, nur um es sogleich wieder zu verlieren: Ich hatte meine Kamera vergessen! Als ich zurückkehrte, stand der Baum wieder allein im Tal.

Der einsame dornige Baum in Lesheba, eine Acacia sieberiana *var.* woodii. *Hier war ich ins Paradies hineingestolpert und hatte es sogleich wieder verloren.*

Felskünstler

Kohlbäume und Korallenbäume

Felsen sind die Wahlheimat für zwei der betörendsten Bäume Südafrikas: den Gewöhnlichen Korallenbaum *(Erythrina lysistemon)* und den Bergkohlbaum *(Cussonia paniculata)*. Die Felsen bieten ihnen Schutz vor Vieh und Wild und Veld-Bränden. Sie bieten zudem ein warmes Nest für jeden jungen Baum, der sich in der eisigen Welt der Drakensberge behaupten will.

Die Blüten des Bergkohlbaums sind unauffällig, der restliche Baum – Blätter und Rinde – aber großartig. An einem Wintertag durfte ich Elsa Pooley zu einigen ihrer Lieblingsexemplare des Bergkohlbaums in den Vorgebirgen der Drakensberge begleiten. Anfangs war ich enttäuscht: Ich hatte auf einen kleinen Schneerand am Amphitheater gehofft, der über 3000 Meter hohen Bergkette im Hintergrund. Vom Indischen Ozean her wehte aber ein warmer Wind, und fast hätte man auf die Jacke verzichten können. Wir fotografierten dennoch drei schöne Exemplare zwischen Buschwerk und Felsen, mit tief gefurchter, korkiger, brauner Rinde – ein zweiter Schutz gegen die Buschbrände – und riesigen Blättern.

Der Gewöhnliche Korallenbaum entwickelt etwas mehr Ehrgeiz. Er wächst im dunstigen Buschveld bis nach Norden an der Grenze zu Mosambik wie auch an der Küste entlang bis ins tropische Afrika. Seine Blüten sind eine Offenbarung. Völlig unvermittelt, mitten im Winter, ohne ein einziges Blatt an den Ästen, bringt dieser außergewöhnlich aussehende Baum explosionsartig seine Blüten hervor. An den Enden der jungen Triebe entfalten sich lange, gebogene, scharlachrote Blütenblätter. Im Frühsommer folgen ihnen dann schlanke schwarze Hülsen mit Wespentaille zwischen den einzelnen Samen.

Aus mehreren Gründen markiert häufig ein alter Baum die Stelle eines afrikanischen Dorfes (daher auch der ursprüngliche Name in Afrikaans: »Kaffirboom«, der heute als diskriminierend gilt). Einige wenige kleine Bäume werden zu zahlreichen medizinischen Zwecken eingesetzt: zerriebene Blätter bei Wunden, verbrannte Rinde bei offenen Wunden, Rindenstreifen mit Kräutern zur Erleichterung der Geburt, ein Absud der Wurzel bei Zerrungen. Außerdem galt der Baum auch als Glücksbringer. Die glänzenden roten Samen wurden als Talisman verwendet, und der Korallenbaum wurde auch auf Gräber gepflanzt.

Ich weiß nicht, ob der blühende Korallenbaum auf meinem Bild an der Stelle eines seit Langem verschwundenen Zuludorfes steht. Doch gewiss wird der Baum seit Generationen bewundert und geschützt. Er steht mitten in der Grasflur in der sanften Hügellandschaft von KwaZulu-Natal. Die beiden kundigen Biologen Elsa Pooley und Geoff Nichols nahmen mich an einem Wintertag dorthin mit. Ein zweiter Korallenbaum, möglicherweise ein Nachkomme des ersten, blühte in einer kleinen felsigen Senke weiter unten. Zusammen beherrschten die beiden Bäume die Winterlandschaft, in der die Zulubauern das alte Gras abbrannten, um einen frühen Neuaustrieb anzuregen.

Als Europäer kann ich nachvollziehen, warum die Zulus dem Korallenbaum Zauberkraft zuschrieben. Für uns waren die Bäume, die Glück brachten und Unglück abwendeten, Stechpalmen und Ebereschen – beide mit roten Beeren. Doch keiner dieser

Links und rechts:
Bergkohlbäume im Vorgebirge der Drakensberge in Natal.

beiden Bäume vermag mitten im Winter an blattlosen Zweigen zu blühen. Hierfür mussten wir Europäer die Flora der gemäßigten Regionen Chinas und Japans plündern. Für einen Korallenbaum von den Drakensbergen ist es in meinem Garten in Irland zu kalt, doch gegen Ende des Winters bersten meine rosa Magnolien aus China und bringen wie von Zauberhand tellergroße Blüten hervor.

In Gedanken kehrte ich zum Bergkohlbaum zurück. Gewiss hätte er etwas Besseres verdient, als nach einem Kohl benannt zu werden. Die an den Enden der Äste spiralförmig angeordneten Blätter sind bei Weitem zu exotisch: ein eher schauriges Blaugrün, filigran geteilt. Auch sie zeichnen sich durch eine Verwendung in der traditionellen Medizin aus, sie werden zur Behandlung der Anfangsphase von Geisteskrankheiten eingesetzt.

Sollte ich jemals um meinen eigenen Geisteszustand besorgt sein, muss ich daran denken, ins Highveld zu gehen und ein Blatt vom Bergkohlbaum zu pflücken, und schon wird alles gut.

Ein Bergkohlbaum vor dem spektakulären Hintergrund des Amphitheaters der Drakensberge.

Rechts: *Ein Korallenbaum in Zululand, der seit Generationen von den örtlichen Zulus geschützt wird.*

Unten: *Detailstudie der Blüten.*

Die akrobatische Feige

Einige Feigen sind die geborenen Selbstdarsteller: Sie klettern wie Affen auf Bäume, schwingen sich wie Tarzan von Felsen herab und können sogar Felsen spalten – wie die akrobatische Feige auf meinem Bild, eine Großblättrige Felsenfeige *(Ficus abutilifolia)*.

Die Energie und Unternehmungslust von Feigen scheint grenzenlos. Es gibt Feigen, die wahrhaftig schwimmen wie *Ficus trichopoda,* die ihren Lebensraum mit Krokodilen teilt. Der berühmte Bodhibaum, auch eine Feige *(Ficus religiosa)*, die von Indien aus auch nach Südafrika gelangte, ist so heilig, dass Siddhartha Gautama unter ihr sitzend Erleuchtung erlangte und zum Buddha wurde. Und es gibt viele andere Feigen mit Mordgelüsten im Herzen: die Würgefeigen, die ihren Wirt ohne Wenn und Aber einfach erwürgen.

Von den etwa 750 Feigenarten, die weltweit bekannt sind – in der Forschung ist man sich über die genauen Zahlen und Namen nach wie vor uneins –, gibt es im südlichen Afrika über zwanzig. Zwei charakteristische Merkmale sind allen gemeinsam: Ihre Zweige enthalten einen milchigen Saft, eine Art Gummi, und ihre Befruchtung geschieht auf seltsame Weise. Zwar geschieht die Fortpflanzung wie bei anderen Blütenpflanzen durch Samen. Doch wo sind die Blüten? Jahrhundertelang vermochte dieses Rätsel zu faszinieren. In Afrika verlieh es den Bäumen eine außergewöhnliche Aura: Der Baum wurde für seine Fruchtbarkeit verehrt, doch hatte er keine Blüten, die befruchtet werden konnten. Dann fanden Wissenschaftler die Antwort. Feigenbäume bringen Hunderte von männlichen und weiblichen Blüten hervor, doch sind diese winzig und in der krugförmig nach innen eingestülpten Blütenstandachse verborgen. In der Botanik gilt die Feige daher auch nicht als Frucht, sondern als »Behältnis« der Blüten. Die Evolution brachte Wespen hervor, die durch eine kleine Öffnung in die Feige hineinkriechen und männlichen Pollen entnehmen, mit dem sie dann eine weibliche Blüte in der nächsten Feige befruchten. Dies mag etwas merkwürdig klingen. Ebenfalls merkwürdig ist der weitere Verlauf der Geschichte: Jede einzelne Feigenart hat eine eigene Wespenart zur Befruchtung, gemäß dem Prinzip, dass zu jedem Banksafe jeweils nur ein Bankmitarbeiter einen Schlüssel besitzt.

Doch zurück zu dem akrobatischen Felsenspalter auf dem Foto. Ich fand ihn im Januar 2007 am Limpopo, als ich eigentlich auf Großwildjagd war: auf der Suche nach seinem Cousin, der Sykomore. Im Vergleich zu ihr erscheint die Großblättrige Felsenfeige eher unbedeutend, doch sollte man sie nicht unterschätzen. Die Sykomore kann sich nur mit großer Mühe gegen Elefanten durchsetzen. Die Felsenfeige aber kann ein zehnstöckiges Gebäude zum Einsturz bringen.

Großblättrige Felsenfeige (Ficus abutilifolia), *Charter Reserve, Botsuana. Sie kann durchaus ein ernst zu nehmender Gegner werden.*

Frieden unterm Flötenholzbaum

Nördlich von Durban gelangt man zum Thukela-Fluss (ehemals Tugela), der im 19. Jahrhundert die Grenze zwischen der alten Kolonie Natal und dem unabhängigen Königreich der Zulus bildete. Hier am Flussufer in der Nähe der Hauptstraße stand einst eine riesige Feige aus der Zeit des Zulu-Krieges von 1879, die als der »Ultimatum-Baum« berühmt oder vielmehr berüchtigt war. Zwei Jahre zuvor hatte die britische Regierung die Buren-Republik Transvaal annektiert. Um die Buren friedlicher zu stimmen, hatten die Briten beschlossen, einen Krieg mit dem traditionellen Feind der Buren, den Zulus, anzuzetteln. Und so war es an jenem Baum, dass der britische Oberbefehlshaber, Sir Bartle Frere, König Cetshwayo und seinem Volk den Fehdehandschuh hinwarf. Kampf oder Kapitulation, so lauteten die britischen Bedingungen, und die Zulus entschlossen sich natürlich zum Kampf. Sechs Monate später, nach einem vernichtenden Sieg über die Briten in Isandlwana, wurden dann die Zulus in Ulundi jedoch vernichtend geschlagen und König Cetshwayo ins Exil getrieben.

Von dem »Ultimatum-Baum« ist heute nicht einmal mehr ein Baumstumpf am Wegesrand geblieben: Was von ihm übrig war, hat das Hochwasser von 1987 weggeschwemmt. Doch etwas weiter östlich, in der Nähe von Eshowe, steht ein historischer Baum, mit dem eine etwas glücklichere Geschichte verbunden ist. Es ist ein sehr hoher, eleganter Flötenholzbaum *(Chrysophyllum viridifolium)*, bekannt als der Baum neben dem Bischofssitz. Er steht im Dhlinza Forest Reserve, eine Insel hoher Bäume und riesiger Würgefeigen, die vor einem Schicksal als Mais- oder Zuckerrohrfeld bewahrt wurde. Der fragliche Bischof war Dr. Carter, Bischof von Zululand, der zur Zeit der Jahrhundertwende die Evangelisierung der Zulus vorantrieb. Hier im Frieden des Waldes verfasste er seine Predigten und bewunderte dabei zweifelsohne alle Wesen der göttlichen Schöpfung einschließlich des Flötenholzbaums. Neben ihm hätten, so heißt es, seine Zulu-Schüler gesessen.

Bischof Carter konnte sich glücklich schätzen, dass sein guter Kontakt zu den Zulus seine weißen Anhänger nicht verstimmte. Dies war das Schicksal seines Kollegen, Dr. John Colenso, dem Bischof von Natal. Politisch galt er den meisten weißen Siedlern als Unruhestifter, hatte er doch in den Kriegen mit den Afrikanern eine deutlich pro afrikanische Position bezogen. Noch schlimmer war in den Augen seiner Kritiker, dass er als Folge der Bibelstudien mit seinen Zulu-Schülern eine bedeutende Änderung seiner theologischen Positionen angekündigt hatte. Die Zulus konnten ganz einfach die Schöpfungsgeschichte im Buch Genesis nicht nachvollziehen. Für sie lag es auf der Hand, dass die Erschaffung der Welt länger als sechs Tage gedauert haben musste, schließlich ließ sich doch in sechs Tagen noch nicht einmal eine Hütte errichten. Und der Bischof gab ihnen recht.

Im darauf folgenden Tohuwabohu wurde mehrfach versucht, Colenso aus seinem Bistum zu vertreiben. Er musste vor einem kirchlichen Gericht in Kapstadt erscheinen, wurde der Ketzerei beschuldigt und exkommuniziert. Am Privy Council in London erhob er jedoch Einspruch und erhielt recht. Daraufhin verließ ihn seine weiße Gemeinde, und es entstand ein abtrünniges zweites Bistum. Colenso starb als gebrochener Mann, nachdem er den britischen Einmarsch in Zululand verurteilt hatte. Doch sein liberales Gedankengut fiel auf fruchtbaren Boden.

Welch ein Glück für Bischof Carter, dass er die Schöpfung des Flötenholzbaums bewundern durfte, ohne befürchten zu müssen, der Ketzerei bezichtigt zu werden.

Der Flötenholzbaum (Chrysophyllum viridifolium) *im Dhlinza Forest in Zululand wurde in den 1890er-Jahren von Dr. Carter, dem Bischof von Zululand, sehr bewundert. Seine Zulu-Schüler saßen auf den Steinen um ihn herum.*

Stadt und Vorstadt

Die Bushaltestelle

Trotz ihres hochtrabenden lateinischen Namens, *Ficus ingens* (»Riesenfeige«), ist die Rotlaubige Felsenfeige zumeist ein kleines, sich an einem Hang erstreckendes Geschöpf. Aber auch Riesen tauchen gelegentlich an unerwarteten Orten auf.

Im Jahre 1829 wurde Robert Moffat, Missionar, Forschungsreisender und Livingstones Schwiegervater, auf eine Mahlzeit Heuschrecken eingeladen, hoch oben in einer Riesenfeige unweit der heutigen Stadt Rustenburg. Der Baum war so gigantisch, dass in seiner Krone 17 afrikanische Hütten Platz hatten. Man mag zunächst meinen, die Geschichte sei etwas dick aufgetragen. 1967 stieß jedoch ein eifriger südafrikanischer Botaniker nicht weit entfernt von dem Weg, dem Moffat einst gefolgt war, auf ein Exemplar von *Ficus ingens,* das tatsächlich Moffats Baum hätte sein können. Sieben seiner riesigen Äste waren abgebrochen und jeder für sich inzwischen wieder bewurzelt, der Umfang des Baumes betrug nun knapp 37 Meter. Ich habe die Geschichte in meinem Buch *Bäume* erzählt. Heute ist der Baum arg mitgenommen, aber ungebeugt.

In Acornhoek in der Provinz Limpopo – 480 km östlich davon – zeigte man mir einen weiteren umtriebigen Riesen. Er ragt weit über die Hauptstraße hinaus, wird von vorbeifahrenden Autos und Lkws gestreift und spendet Einkaufslustigen beim Warten auf den Bus in die Stadt ein willkommenes Schattendach. Mein Versuch, seine Spannweite zu messen, scheiterte kläglich am permanenten Verkehr. Ich schätze, dass er nur wenig kleiner sein dürfte als Moffats Baum, wenngleich seine Krone wohl kaum 17 Hütten Platz bieten würde. Weiter im Norden, abseits einer befahrenen Straße, wurde mir ein drittes Exemplar gezeigt. Er war der jüngste und gesündeste der drei: ein gotischer Riese, dessen Bögen und Gewölbe eleganter waren als die manch einer Kapelle.

Diese Feigen würde ich gern zeitig im nächsten Frühling wieder besuchen. Der volkstümliche Name verweist auf die aufsehenerregende Färbung des Jungaustriebs. Doch ist »rotlaubig« eine zu nüchterne Beschreibung – heiteres »Weinrot« träfe es weitaus besser.

Links und rechts:
Diese Rotlaubige Felsenfeige (Ficus ingens) *in Acornhoek in der Provinz Limpopo dient als Bushaltestelle.*

Rotlaubige Felsenfeige (Ficus ingens) *in Ofcolaco in der Provinz Limpopo.*

Tafelsilber

Manche südafrikanischen Bäume wie etwa der Bergkohlbaum haben korkartige Stämme, die sie vor Feuer schützen oder zumindest dessen Wirkung mildern. Doch dem Silberbaum *(Leucadendron argenteum),* dem Wunder des Tafelbergs, scheint Feuer gar keine Angst einzujagen. Seine Zapfen sind so beschaffen, dass sie, wenn die Flammen sie erreichen, durch die Hitze explodieren und die Samen sich wie mit einem Fallschirm retten. Der Baum stirbt ab, wird jedoch fast augenblicklich wiedergeboren. In nur acht Jahren kann ein ausgewachsener Silberbaum von gut sieben Meter Höhe wieder auf derselben Bergflanke stehen, auf der bereits seine Eltern standen.

An einem Sommerabend im Januar 2006 ging ich den Pfad zum Signal Hill in den kieferbestandenen Vororten von Kapstadt hinauf. Vor uns auf dem braunen, sonnengetrockneten Hügel reflektierten Haine von Silberbäumen die untergehende Sonne wie ein Spiegel. Über uns hatte die Südostwindlage am Kap, der »Cape sou'-easter«, das klassische weiße »Tafeltuch« über dem Tafelberg ausgebreitet. Die Landschaft schien mit sich selbst im Einklang zu sein – und mit der daruntergelegenen Großstadt ebenfalls. Ich fotografierte mehrere Silberbäume und stellte mit Erstaunen fest, dass es die silbrigen Haare auf den Blättern sind, die das Licht so vehement widerspiegeln.

Drei Tage später kehrte ich zum Signal Hill zurück und fand Kapstadt in heller Aufregung und den Tafelberg in Flammen: Ein britischer Tourist hatte eine Zigarette aus dem Auto geworfen. Es war, als wäre sie in einem Benzinkanister gelandet: In wenigen Minuten breiteten sich die Flammen über den Hügel aus, züngelten zum Horizont empor und zu den nächstgelegenen Vororten hinunter. Die Behörden konzentrierten sich darauf, mit Hubschraubern Menschen und Eigentum zu retten. Die Bäume überließ man ihrem Schicksal, wenngleich es gar nicht so leicht war, beides voneinander zu trennen. Die

Silberbaum (Leucadendron argenteum) *in den Vororten von Kapstadt, im Schatten des Tafelbergs.*

Flammen schienen direkt auf das prächtige Haus in Kloofnek Road zuzusteuern, in dem ich wohnte. Abends gab es einen kritischen Moment, dann aber sprangen die Flammen über das Haus hinweg in den dahintergelegenen Kiefernwald. Wir sahen und hörten die Kiefern wie Feuerwerkskörper explodieren.

Genau ein Jahr später lief ich den Signal Hill erneut hinauf und wollte nach den Überlebenden sehen. Über uns hatte der »Cape sou'-easter« das »Tafeltuch« genauso sorgfältig ausgebreitet wie ein Jahr zuvor. Von den Silberbäumen, die ich aufgenommen hatte, standen nur noch verkohlte Reste – von den Kiefern jenseits der Straße ebenfalls. Doch im Gegensatz zu diesen hatten die Silberbäume das Feuer zu ihrem Vorteil genutzt. Der Hügel war voller Sämlinge von Silberbäumen. In wenigen Jahren würden hier mehr Silberbäume stehen als zuvor. Dann würde wieder Frieden herrschen auf dem Berg – jedenfalls bis zur nächsten Zigarettenkippe.

Unten: *Ein junger Silberbaum vor dem Feuer vom Januar 2006.*

Rechts: *Wie Feuerwerkskörper explodierten die Kiefern gegenüber vom Haus in Kapstadt, in dem ich gerade wohnte.*

Aloen als Bäume

Von den etwa 130 Arten Aloe, die im südlichen Afrika vorkommen, erreichen nur drei echte Bäumgröße: der Köcherbaum *(Aloe dichotoma)*, der Riesenköcherbaum *(Aloe pillansii)* und die *Aloe barberae* (syn. *Aloe bainesii*). Letztere ist die Größte und Höchste unter ihnen. Sie kann bis zu 18 Meter hoch werden und einen Umfang von fast drei Metern erreichen. Am Ende der Zweige ist sie mit Rosetten aus dunkelgrünen, fleischigen Blättern geschmückt und im Winter von rosa Blütenähren übersät: Ein durchaus aufsehenerregender Baum, wenn man ihn denn findet, denn wenngleich er von East London bis Mosambik vorkommt, so scheinen große Exemplare doch eher schwer zu fassen zu sein.

Meine Führerin war wiederum die Botanikerin Elsa Pooley, die die Flora von Natal wie ihre Westentasche kennt. Wir kämmten ganz KwaZulu-Natal nach einem schönen Exemplar durch, mussten uns aber leider geschlagen geben und zogen uns in den Durban Country Club zurück, um unsere Wunden zu lecken. Aber siehe da! Auf den sanften Hügeln am dritten Green stießen wir auf die Exemplare, die hier abgelichtet sind.

Später fand ich in den nahe gelegenen Vororten weitere attraktive Exemplare in Gefangenschaft. Diese Aloe lässt sich leicht zähmen und auch züchten. Sie sprießt aus Stecklingen und wächst in warmem Klima schnell (ein Nachtfrost bedeutet jedoch ihr jähes Ende). Die Art wurde erst 1873 von Europäern beschrieben, zwei Jahrhunderte nach dem berühmten Köcherbaum. Der Künstler und Entdeckungsreisende Thomas Baines fand eine bemerkenswerte neue »baumartige Aloenart« in den unwirtlichen Hügeln unweit von Greytown in Natal. Von seiner Entdeckung berichtete er Dr. (später Sir) Joseph Hooker, dem Leiter von Kew Garden, der die neue Baumart gern nach ihrem Entdecker benannte: *Aloe bainesii*. So blieben die Dinge über ein Jahrhundert lang.

Doch sind botanische Ehren schwerer zu erlangen und zu behalten als ein Nobelpreis. Jemand entdeckte, dass eine südafrikanische Pflanzensammlerin namens Mary Barber zu genau derselben Zeit ein sehr ähnliches Exemplar nach Kew geschickt hatte. Hookers Stellvertreter und Schwiegersohn, Sir William Thiselton-Dyer, hatte es ihr zu Ehren *Aloe barberae* genannt und den Namen bereits einige Monate, bevor Hooker *Aloe bainesii* veröffentlicht hatte, bekannt gegeben. Baines hatte den Baum inzwischen unter seinem eigenen Namen berühmt gemacht. Doch haben Botaniker keine Zeit für Sentimentalitäten. Nach den strengen Regeln botanischer Namensgebung wird der Name gewählt, der als erster veröffentlicht wurde. So wurde Baines die Ehre wieder genommen und sein Name aus den Botanikbüchern gestrichen – armer Baines. Er verstarb wenige Jahre, nachdem er Hooker geschrieben hatte, und hat nie erfahren, dass er zu so viel botanischen Ehren kommen würde, bevor er sie wieder verlieren sollte.

Baumförmige Aloen (Aloe barberae, *syn.* Aloe bainesii) *auf dem Golfplatz des Durban Country Club. Thomas Baines' Verlust war Mary Barbers Gewinn.*

Würger und Selbstmörder

Wirt im Pech

Der Botanische Garten in Durban hat eingeführte Arten immer gern aufgenommen (wie ich im nächsten Kapitel erläutern werde). Doch gelegentlich darf dort auch einer jener exotischen Zugereisten von einer einheimischen Pflanze erledigt werden.

Ich stand im oberen Teil des Gartens mit Elsa Pooley, meiner Führerin und Mentorin, die aus ihrer Abneigung gegenüber nicht heimischen Pflanzen keinen Hehl macht. »Um Himmels willen«, sagte ich zu ihr, »dieser Afrikanische Tulpenbaum sieht aber merkwürdig aus.« »So würdest du auch aussehen«, antwortete Elsa verbissen, »wenn du von einem Natal-Feigenbaum erwürgt würdest.«

Glücklicherweise ist der Afrikanische Tulpenbaum *(Spathodea campanulata)*, der für seine prächtigen scharlachroten Blüten berühmt ist, in den Straßen und Gärten von Durban einer der häufigsten Bäume. Er wurde vor vielen Jahren von irgendwo aus dem tropischen Afrika eingeführt, kommt auch in Kenia vor und ist in West- und Zentralafrika weit verbreitet.

Seinen Angreifer, den Natal-Feigenbaum *(Ficus natalensis)*, kann man wirklich nicht als Gartenbaum empfehlen. Zugegeben, er bildet einen hervorragenden Windschutz: Die dunkelgrünen, glänzenden Blätter und die Zweige, übervoll mit gelben Feigen, würden selbst einem Orkan die Stirn bieten. Auch sind die Früchte ein wahres Fest für Paviane und andere Affen. Aber der Baum ist von Natur aus aggressiv, ein geborener Eindringling. Die Wurzeln machen sich unverzüglich auf die Suche nach Mauern und Rohren, und man überlässt ihm besser keinen Zentimeter Boden, denn er bedankt sich für die Gastfreundschaft schlichtweg mit dem Einsturz des Hauses.

In der Natur zählt der Natal-Feigenbaum zu einer Gruppe von Feigen, die für die Rolle des Bösewichts sozusagen prädestiniert sind. Sie beginnen ihr Leben als Würgefeige: Ein Vogel lässt einen Samen in die Gabel eines freundlichen Baums fallen. Dieser Samen entwickelt sich zu einem Epiphyten, der von der Nahrung, die er sich in der Gabel beschaffen kann, lebt. Irgendwann bildet er dann eine lange Luftwurzel aus, die bis zum Boden reicht, dann eine weitere. Von den Wurzeln aus wachsen neue Stämme und Äste, die allmählich den ahnungslosen Wirt umschließen und schließlich erdrücken. Das kann bis zu einem Jahrhundert dauern, doch schließlich steht der Würger als scheinbar ganz normaler Baum im Wald. Man erkennt ihn aber an seinem gerieften Stamm. Auch ist er in der Mitte hohl: Dort befand sich der nunmehr abgestorbene Körper seines wehrlosen Opfers.

Im Entumeni-Wald in der Nähe von Eshowe in KwaZulu-Natal zeigte Elsa mir einen riesigen Feigenbaum, einen *Ficus burkei,* der Jahre zuvor einen großen Baum erwürgt hatte. Der Hohlraum, den das Opfer hinterlassen hatte, wies einen Umfang von mindestens drei Metern auf. Erstaunlich war auch, dass das äußere Gitterwerk, das die Stämme des Würgers gebildet hatten, eine Reihe kleinerer Fenster ins Innere hatte entstehen lassen. Ich machte eine Aufnahme am frühen Morgen, als etwas Wintersonnenlicht durch den Baum strahlte.

Im nahe gelegenen Dhlinza-Waldreservat steht ein noch bedrohlicheres Exemplar eines Feigenbaums. Wie ein Turm aus Stahlgitterwerk ragt es aus dem Wald empor: 18 Meter hoch und fast ebenso breit. Sein Opfer muss relativ klein gewesen und vor etwa 100 Jahren gestorben sein. Ich fotografierte diesen Graf Dracula des Waldes aus den Baumwipfeln gegenüber: hoch, aber sicher, auf einem eigens angelegten, atemberaubenden, luftigen Steg. Elsa war mutig unten stehen geblieben, eine winzige Figur in Rot, obwohl sie ganze ein Meter achtundsiebzig groß ist, ohne Absätze.

Afrikanischer Tulpenbaum in den Fängen eines Natal-Feigenbaums (Ficus natalensis) *im Botanischen Garten von Durban.*

Links: *Ein Feigenbaum, nachdem er seinen Wirt erwürgt hat, im Entumeni-Wald in der Nähe von Eshowe in KwaZulu-Natal. Einzelne Sonnenstrahlen dringen durch das Gitterwerk ins hohle Innere, das einst der Wirt war.*

Oben: *Eine weitere Würgefeige, fotografiert aus einer Höhe von 15 Metern im Dhlinza-Waldreservat, KwaZulu-Natal. Am Fuße des Baums steht meine Begleiterin Elsa Pooley.*

Apokalypse in Kosi Bay

Es gibt nur wenige Palmen, die die Raphiapalme *(Raphia australis)* hinsichtlich ihrer dramatischen Wirkung übertreffen. Diese Palme wächst in den Sümpfen um Kosi Bay im nordöstlichen KwaZulu-Natal und im südlichen Mosambik, ein einziger, bis zu 25 Meter hoher Stamm, gekrönt von einem Büschel riesiger fiederförmiger Blätter. Mit bis zu knapp zehn Meter Länge zählen diese Blätter zu den größten der Welt.

Das Leben der Raphiapalme ist kurz und ihr Ende dramatisch: Nach etwa 30 Jahren schießt ein riesiger Blütenstand wie eine drei Meter hohe braune Feder aus der Krone empor. Der obere Teil besteht aus männlichen Blüten, der untere aus weiblichen. Nach der Befruchtung entwickeln sich elegante braune Früchte, so groß wie Gänseeier, umgeben von glänzenden kastanienbraunen Schuppen. In jeder dieser Früchte befindet sich ein einziger elfenbeinfarbener Samen. Der Palmgeier findet die Früchte so köstlich, dass er nie das Verbreitungsgebiet der Raphiapalmen verlässt. Wenn die Früchte reif sind, begeht der große Baum Selbstmord: Er stirbt und stürzt zu Boden, wobei die eleganten braunen Früchte in alle Himmelsrichtungen verstreut werden.

Ich hatte das Glück, in Begleitung von Elsa Pooley nach Kosi Bay zu fahren. Ich erwähnte ja bereits, dass Elsa keine Angst vor Krokodilen hat. Also fuhren wir los in einem kleinen Fiberglasboot, um eine Gruppe großer Raphiapalmen vom Wasser aus zu fotografieren. Ich kann nicht behaupten, dass ich darauf aus war, einem großen Krokodil zu begegnen. Uns blieb das Erlebnis erspart, doch das Boot hinter unserem wurde von einem dieser aufdringlichen Biester verfolgt. Wir gingen sicher wieder an Land und wechselten in einen Geländewagen, der uns nach kurzer Fahrt zu einer weiteren Gruppe von Raphiapalmen brachte, die einen natürlichen Säulengang am Wasser entlang bildeten. Im Inneren der Kolonnade meinte man, eine Rosette zu erkennen und gedämpftes Licht, als wäre dies ein gotisches Kirchenschiff. Ich musste daran denken, welch eine apokalyptische Erfahrung es wohl sein müsste, wenn ich miterleben könnte, wie einer dieser Bäume noch während unserer Anwesenheit beschließt, dass nun seine letzte Stunde gekommen sei, und die gesamte Kirche mitsamt der Säulen und Rosette vor unseren staunenden Augen mit einem Schlag in das von Krokodilen wimmelnde Wasser stürzt.

Rechts: *Raphiapalmen* (Raphia australis), *der Stolz von Kosi Bay im nördlichen KwaZulu-Natal.*

Links: *Die eleganten Früchte, die je einen einzigen elfenbeinfarbenen Samen enthalten. Sobald die Früchte reif sind, begeht der Baum Selbstmord und stürzt zu Boden.*

Der Sport der Lemuren

Im Dornenwald

Der Dornenwald (Spiny Forest) im Süden und Südwesten Madagaskars ist eher für seine Lemuren als für seine Bäume bekannt. Die Hälfte aller Lemurenarten der Welt lebt auf dieser riesigen, geheimnisvollen Insel 300 km vor der Küste Afrikas, in Afrika selbst hingegen gibt es keine einzige. Kattas, Sifakas, braune Makis und so weiter – falls es sie nicht gäbe, hätte irgendein Künstler sie erfinden müssen. Und die Bäume, in denen die Lemuren wohnen, sind häufig ebenso surrealistisch wie die Tiere selbst.

Von der Hauptstadt Antananarivo flog ich ins 550 km südlich gelegene Tolanaro (Fort Dauphin) an der Südostspitze der Insel. Der Wind, der vom Indischen Ozean her Regen bringt, verliert in Tolanaro an Kraft, westlich hiervon wird das Land trockener, und es beginnen die Wälder der *Didiereaceae,* jene bizarren Kakteenverwandten, die es fast nur auf Madagaskar gibt. Manche Exemplare der Gattung *Didierea* und *Alluaudia* muten wie Ausgeburten der Hölle an.

Ihre mit langen grauen Dornen versehenen Arme winden sich gen Himmel und werden in der Regenzeit, die jetzt gerade vorüber war, dann allmählich grellgrün, da jeder Stamm mit einer Spirale winziger grüner Blätter besetzt ist. Davon ab heben sich kleinere Exemplare von Madagaskarpalmen *(Pachypodium)* mit eleganten weißen Blüten, die unpassenderweise aus den stacheligen Kronen hervorsprießen.

Ich fuhr zum Spiny Forest im Berenty Reserve, 80 km westlich, der gleichermaßen für seine Bäume wie für seine Lemuren bekannt ist – ein erstaunlicher Ort. Seit 70 Jahren leben die Lemuren hier im Schutz einer bewundernswerten französischen Familie namens De Heaulme. Die Kattas – mit graubraunem Fell, schwarz-weiß geringeltem Schwanz und wachen braunen Augen – bewegen sich heute auf dem Gelände, als gehöre es ihnen. Im Falle der männlichen Kattas ist dies jedoch nur kläglicher Bluff, denn im Gegensatz zu anderen männlichen Primaten unterwerfen sich männliche Lemuren den weiblichen Tieren (aus Gründen, die der Wissenschaft bis heute Rätsel aufgeben). Die weiblichen Kattas, wenngleich kleiner und schwächer, haben das Sagen und erlauben es den Männchen nur eine einzige Woche im Jahr, sich mit ihnen zu paaren.

Links: *Ein sportlicher Lemure in einem hohlen Baum im Ankarara Special Reserve.*

Rechts: Didierea trollii *im Berenty Reserve.*

Die weiblichen Sifakas gehen mit ihren Männchen ähnlich hart um. Männchen und Weibchen verbringen die meiste Zeit ihres Lebens in den Bäumen, wo man gelegentlich einen Blick auf ihr weißes Fell oder ihren schwarzen Kopf erhascht. Wenn sie die Bäume verlassen, bieten sie einen eher drolligen Anblick, denn im Vergleich zu den Armen sind die Beine zu lang, und sie bewegen sich hüpfend mit beiden Beinen gleichzeitig fort, ungefähr so wie beim Sackhüpfen.

Früh am zweiten Morgen stellte ich meine Kamera auf, um ein dramatisches Bild der einheimischen Bäume einzufangen, die vermutlich von der Familie De Heaulme gepflanzt worden waren. Im Vordergrund stand eine riesige baumförmige Wolfsmilch *(Euphorbia)*, deren abblätternde rote Rinde die ersten Sonnenstrahlen einfing. Sie war umgeben von einer kleinen Gruppe von *Didierea trollii*. Es gab auch einige *Alluaudia procera* mit sich windenden grünen Stämmen. Kurz bevor ich auf den Auslöser drückte, ergab sich eine Szene, auf die ich nie zu hoffen gewagt hätte. In einer Reihe von witzigen Sprüngen kam ein Sifaka auf mich zu. Im nächsten Augenblick war er schon auf einen Zweig der Wolfsmilch gesprungen, von dem aus er mich eines kühnen Blickes würdigte. Ich bin mir sicher, dass er das für die allermeisten Touristen macht, aber wie soll man in solch einem Augenblick nicht ein Lob auf diejenigen anstimmen, die Berenty erschaffen haben, die Familie De Heaulme?

Einige Tage später begab ich mich auf die Suche nach schönen Exemplaren der Madagaskarpalme *(Pachypodium geayi)*, die, abgesehen von den mächtigen Baobabs, die größte unter den baumförmigen Sukkulenten des trockenen Südwestens ist. Ich mietete einige Führer und einen Wagen in Toliara (Tulear) und fuhr zehn Stunden zum Spiny Forest Reserve in Beza Mahafaly. Die letzten Stunden wäre es klüger gewesen, auszusteigen und zu Fuß zu gehen: Zweimal mussten wir das Auto aus dem Sand ausgraben. Als wir ankamen, zeigte ich dem freundlichen Leiter (der mich in seinem Gästezimmer übernachten ließ) ein Foto der mächtigen Madagaskarpalme, die bekannt ist als das Kleinod in der Krone des Spiny Forest Reserve von Beza Mahafaly. »Oh ja«, sagte er, »ich kenne sie gut, ein sehr schöner Baum – gut 300 km von hier entfernt – anderthalb Tagesreisen in östliche Richtung. Ihr Foto hat bedauerlicherweise eine falsche Bildunterschrift.«

Es gibt Tage, an denen zwar der Körper schwach ist, aber der Geist willig. Doch dieses Mal, das muss ich gestehen, waren Körper und Geist gleichermaßen schwach. Drei weitere Tage auf diesen grauenvollen Straßen! Und existierte der gesuchte Baum überhaupt noch? Etwas traurig traten wir die zehnstündige Rückreise nach Toliara an.

Links und rechts: *Madagaskarpalmen* (Pachypodium geayi) *auf einem Kalkhügel 160 km südöstlich von Toliara.*

Doch das Glück ist mit den Schwachen wie auch mit den Mutigen. Sechs Stunden später sah ich ein merkwürdiges Baumpaar, das von einem Kalkhügel links der Straße herabwinkte – weiße Zwillingsraketen, die aus dem Busch emporstiegen. Madagaskarpalmen? Ja, Madagaskarpalmen. Und noch bevor man »Beza Mahafaly« hätte sagen können, waren sie mein.

Sifaka in einem Wald von Wolfsmilch (Euphorbia) *und* Didierea trollii *im Berenty Reserve.*

TEIL III

Gäste

In Sicherheit

Ein Bürschchen von dreihundert Jahren

Im Jahre 1707 wurde Willem van der Stel, Gouverneur am Kap der Guten Hoffnung, von seinem Arbeitgeber, der Niederländischen Ostindienkompanie, abgesetzt. Wie in meinem Buch *Bäume* beschrieben, musste er den Hut nehmen, weil er sich mächtige Feinde unter den »Freien Bürgern« Südafrikas – holländischen Einwanderern und Hugenotten – gemacht hatte. Heute würde er wohl der Vetternwirtschaft bezichtigt, hatte er doch versucht, das Fleisch- und Weinmonopol an sich zu bringen, indem er die lukrativen Konzessionen für diese wichtigen Waren seinen eigenen Handelsvertretern zugeteilt hatte.

Doch sein Vermächtnis lebte weiter. Weizen, Gerste, Wein, Oliven: Van der Stel hatte gezeigt, wie sie mit Erfolg und Gewinn am Kap angebaut werden konnten. Und auch seine Bäume waren prächtig. Natürlich haben seine forstwirtschaftlich genutzten Eichenwälder längst die erforderliche Reife erlangt. Einige wurden vermutlich zu den typischen geschwärzten Türstürzen und Balken der Kap-Häuser verarbeitet und sind bis heute in Gebrauch. Aber es sind sein Landgut und die dekorativen Gartenanlagen in Vergelegen, die die Erinnerung an ihn lebendig gehalten haben. Die meisten der dortigen Bäume sind Exoten, Bäume, die in anderen Teilen Südafrikas Opfer ihres eigenen Erfolges geworden sind. Sie werden als eine Bedrohung für die heimischen Bäume und Pflanzen dargestellt und gefällt. Aber in Vergelegen und anderen Gütern und Gärten genießen die Gäste Asyl.

Vergelegen, nur eine halbe Autostunde von Kapstadt entfernt, ist heute der Öffentlichkeit zugänglich und wird von der großen Minengesellschaft Anglo American im prachtvollen Stil geführt. Ich fuhr im Januar 2007 dorthin, weil ich ein weiteres Mal der außergewöhnlichen Reihe 300 Jahre alter Kampferbäume einen Besuch abstatten wollte. Versteckt hinter der Baumallee stieß ich außerdem auf eine alte Eiche, die ich bei meinen vorigen Besuchen übersehen hatte.

Sie trieb sich hinter dem riesigen Bogen aus Kampferbäumen herum wie ein weises hutzeliges Faktotum. Alte Eichen gibt es in der Kapregion viele, aber diese schien mir die älteste, die ich je gesehen hatte. Es ist die Art Eiche, die die Engländer als »Englische Eiche« und die Deutschen als »Deutsche Eiche« für sich in Anspruch nehmen. Tatsächlich handelt es sich um die europäische Stieleiche *(Quercus robur),* die vom Westen Irlands bis zu den Bergen Kleinasiens vorkommt. Sie kann unglaubliche Ausmaße erreichen – die »Kvilleken« in Schweden weist einen Umfang von über 15 Metern auf (sie ist in meinem Buch *Bäume* beschrieben) – und ein unglaubliches Alter – zahlreiche Exemplare in Deutschland und anderswo in Europa stammen aus dem Mittelalter.

Das Außergewöhnliche an dem Exemplar in Vergelegen ist, dass es seinen uralten europäischen Verwandten gleicht: Die Eiche ist innen vollständig hohl. Weiter oben ist an der Stelle eines abgebrochenen Asts sogar ein Fenster, das einen Blick in das hohle Innere bietet. Im Vergleich zu den Methusalems in Europa ist die Eiche in Vergelegen jedoch ein richtiger Jüngling: Sie wurde zu Beginn des 17. Jahrhunderts gepflanzt, als Willem van der Stel hier sein Gutshaus und seinen Garten schuf – ein Bürschchen von knapp 300 Jahren also.

Warum gebärdet sie sich dann wie eine tausendjährige Eiche? Vermutlich liegt die Antwort in der Vollkommenheit des Kapklimas. Den Europäern können die Sommer meist nicht lang genug, die Winter nicht kurz genug sein. Aber für eine Eiche ist das Klima am Kap zu viel des Guten. Der Baum ist gezwungen, zu wachsen und zu wachsen, die Ruhezeit dauert kaum einen Monat. So ist sie bereits alt und ausgebrannt, wenn sie eigentlich in den besten Jahren sein sollte.

Vorhergehende Seiten: *Im Inneren der hohlen Eiche auf Vergelegen, Western Cape. Gepflanzt wurde sie kurz nach 1700 durch den damaligen Gouverneur am Kap, Willem van der Stel.*

Links: *Die hohle Eiche – das Klima am Kap war zu viel des Guten.*

Die Tänzer von Cellars

Willem van der Stel wäre mit Sicherheit stolz gewesen auf sein hutzeliges Faktotum und ganz besonders stolz natürlich auf seine riesigen, verschlungenen, 300 Jahre alten Kampferbäume. Die exotischen Riesen wurden vermutlich als Samen aus Java eingeführt (damals unter niederländischer Herrschaft) und in der formalen Gartenanlage der Gouverneursresidenz in einer Reihe gesetzt. Genau genommen gibt es *zwei* Reihen alter Kampferbäume, eine an der Ostseite des Hauses und eine an der Westseite. Es gibt außerdem einen wilden Wald aus Kampferbäumen und Eichen, der das verkörpern sollte, was sich die Europäer damals unter »Wildnis« vorstellten. Die meisten dieser Eichen und Kampferbäume stammen aus einer sehr viel späteren Zeit als jene des Gouverneurs und haben ihre beste Zeit noch nicht erreicht. Vermutlich sind viele von ihnen Sämlinge der ersten Baumgeneration. Zu gegebener Zeit werden einige Riesen sein, oder im Falle der Eichen eben ein hutzeliges Faktotum.

Wer eine Reihe Kampferbäume sehen will, die für ihre Schönheit und nicht für ihre Größe berühmt sind, sollte das Cellars Hotel in Constantia im Schatten des Tafelberges aufsuchen. Das Cellars gehört Liz McGrath, einer bemerkenswerten Frau, und ich hatte das große Glück, ihr Gast sein zu dürfen. Ihr Alter ist selbstverständlich ein Geheimnis. Sie erzählte mir jedoch, dass sie mehr oder weniger per Zufall in das Hotelgewerbe eingestiegen sei in einem Alter, in dem sich die meisten Menschen auf die Rente vorbereiten. Heute führt sie drei der prächtigsten Hotels in Südafrika. Das Cellars ist ihr Aushängeschild, ein umgestaltetes niederländisches Landhaus, für das sie nahezu alles selbst entworfen

Zwei der 300 Jahre alten Kampferbäume auf Vergelegen. Sie wurden vermutlich aus Samen gezogen, der aus Java eingeführt worden war. Heute sind diese Kampferbäume die ältesten und größten in ganz Südafrika.

hat – mit Ausnahme von dessen Krönung: einer großartigen Reihe 150 Jahre alter Kampferbäume.

Ursprünglich waren die Bäume der Stolz des Nachbargutes Hohenort. Liz erzählte mir, dass sie sie immerzu ansah, über den Gartenzaun – voll sehnsüchtigen Verlangens. Doch das Glück ist mit den Mutigen. Es gab nur eine Möglichkeit, die Bäume für die Cellars zu gewinnen: Sie kaufte Hohenort mit allem, was dazugehörte. Heute läuft man durch den robinsonartigen Wildgarten, vorbei an riesigen Baumfarnen, und trifft auf eine jüngere und elegantere Ausführung der riesigen Kampferbäume von Willem van der Stel. Am besten geht man wie ich, im schwindenden Abendlicht, ein Glas Constantia-Wein in der Hand: Die Kampferbäume gleichen Tänzern in einer perfekten Choreografie.

Eine Reihe 150 Jahre alter Kampferbäume in Cellars, Constantia, einige Kilometer außerhalb von Kapstadt. Im Abendlicht ist die Choreografie nahezu perfekt.

Die ersten Platanen

Irgendwann im 17. Jahrhundert, irgendwo in Europa, paarte sich eine Westliche Platane *(Platanus occidentalis)* mit ihrem türkischen Pendant, der Morgenländischen Platane *(Platanus orientalis)*. Das Stelldichein soll um 1670 in einem Blumenbeet des Botanischen Gartens zu Oxford stattgefunden haben. So heißt es zumindest, moderne Quellen bezweifeln den Wahrheitsgehalt dieser Geschichte und halten es für wahrscheinlicher, dass diese kleine Liebelei, wenn überhaupt, in einem schattigen Wäldchen in Südeuropa stattgefunden hat. Sicher ist nur, dass der Baum, der heute als Ahornblättrige Platane *(Platanus* x *hispanica)* bekannt ist, seit Mitte des 18. Jahrhunderts in Europa gepflanzt wird und als eine der erfolgreichsten Kreuzungen aller Zeiten gilt. Gute Kreuzungen haben nur die besten Eigenschaften von beiden Elternteilen geerbt und keine der schlechten. So wächst die Ahornblättrige Platane hoch und aufrecht wie ihr nordamerikanischer Elternteil, sie ist langlebig und gesund und kommt gut mit den harten Anforderungen des Stadtlebens zurecht, Eigenschaften, die auf den morgenländischen Elternteil zurückgehen. Eine solch glückliche Verbindung findet sich bei vielen Gehölzkreuzungen. Der Ahornblättrigen Platane verliehen diese Tugenden jedoch die Kraft, die gesamte gemäßigte Klimazone zu erobern.

Die Platanenallee im Botanischen Garten von Pietermaritzburg wurde genau vor hundert Jahren angelegt und scheint die erste und schönste in Südafrika zu sein. Wie der Name erkennen lässt, wurde Pietermaritzburg von Buren-Voortrekkern gegründet. In den Jahren nach 1845, als eine zweite britische Kolonie nordöstlich der Kapkolonie entstand, wurde Pietermaritzburg Verwaltungshauptstadt von Natal und einer der Landstriche Südafrikas mit dem deutlichsten britischen Einfluss. Natürlich konnte es niemals mit der Größe oder dem Wohlstand Durbans mithalten, das den besten Hafen zwischen dem Kap und Mosambik besaß. Doch das kühlere, gemäßigtere Klima im Inneren Natals erlaubte es, dort nahezu alle europäischen Pflanzen zu ziehen, die das Herz begehrte. Entsprechend ist der Botanische Garten ein wahres Paradies. Europäische und nordamerikanische Bäume, die der tropischen Hitze Durbans nicht standhalten würden, gedeihen im kühlen Wind, der von den Drakensbergen weht. Ich entdeckte zahlreiche seltene Eichen- und Kiefernarten, Tulpenbäume und Sumpfzypressen. Einige müssen aus Großbritannien eingeführt worden sein, und man kann sich vorstellen, welch Balsam sie für die Seelen der von Heimweh geplagten britischen Siedler gewesen sind. Hier gab es eine Platanenallee, die schon bald höher war als die berühmten Bäume am Londoner Berkeley Square aus dem Jahre 1789. Welch ein Symbol für die Energie und den Stolz der Kolonie. Sie könnten ohne Weiteres noch zwei Jahrhunderte wachsen und dann die höchsten Platanen der Welt sein!

In einer Zeit, in der das Augenmerk der meisten südafrikanischen Botaniker den heimischen Pflanzen gilt, gewährt man im Nationalen Botanischen Garten von Pietermaritzburg auch heute noch gern ausländischen Bäumen Asyl. Gleichzeitig wurde der Garten so weiterentwickelt, dass er auch mehr heimische Pflanzen enthält, und ich kann zu dieser Weitsicht nur gratulieren. Pietermaritzburg übernimmt eine historische Rolle von großer Bedeutung: Möge es der ganzen Welt noch viele, viele Jahre zeigen, wie die edelsten europäischen Bäume am allerbesten … in Afrika gedeihen.

Die hundertjährige Platanenallee im Nationalen Botanischen Garten von Pietermaritzburg, Natal, ist vermutlich die erste und mit Sicherheit die schönste Platanenallee in Südafrika.

Auf zum Mond

Der üppige Botanische Garten in Durban zählt zu meinen Favoriten unter den botanischen Gärten Afrikas. Als ich dort den raketenförmigen Kapokbaum zum ersten Mal sah, habe ich ihn sogleich in die Liste meiner Lieblingsbäume aufgenommen.

In Durban herrscht ein subtropisches Klima, seit mehr als 150 Jahren besitzt der Garten ein wahres Füllhorn an tropischen und subtropischen Pflanzen, die von dort dann wiederum in die Welt hinausgeschickt wurden. Der Garten gehört zu dem Netzwerk jener botanischen Gärten der Kolonialzeit, die unter dem Einfluss von Sir Joseph Hooker entstanden, dem bedeutenden Leiter der Londoner Kew Gardens. Es war die Zeit, als sich in der gesamten englischsprachigen Welt eine breitere Öffentlichkeit für Botanik zu interessieren begann, und so wurden an die botanischen Gärten der Kolonien große Erwartungen gestellt. Doch die hohen Erwartungen und gleichzeitig geringen finanziellen Mittel trieben manch einen Gartendirektor zur Verzweiflung. Glücklicherweise wurde der Garten in Durban von dem gebieterischen Medley Wood geleitet und erlebte unter seiner Regie von 1882 bis 1913 eine wahre Hoch-Zeit. Wood verband sorgfältige landwirtschaftliche Forschung – er veränderte die Wirtschaft der Kolonie, indem er neue Zuckerrohrsorten einführte – mit der Suche nach neuen Pflanzenarten bei den Zulus wie auch mit der Erschaffung eines Freizeitparks, der gleichermaßen der Bildung wie auch dem Vergnügen des Publikums dienen sollte. Heute begegnet einem Woods Erbe in Form einer Exotengalerie aus dem 19. Jahrhundert: eine riesige Jacaranda (1885, vielleicht die erste in Südafrika), ein Mahagoni (1887), eine Araukarie (1888) und der berühmte, nach ihm benannte Palmfarn, den er selbst in Zululand entdeckte und der heute in der freien Natur nicht mehr vorkommt (siehe Seite 189).

Der 25 Meter hohe Kapokbaum oder Wollbaum *(Ceiba pentandra)* wurde jedoch erst 1934 gepflanzt, zwei Jahrzehnte nach dem Ende der glorreichen Herrschaft von Medley Wood. Der Botanische Garten war inzwischen sehr verwahrlost, vier Hektar des Geländes waren als Baugrund verkauft worden. Der Garten gehörte nun der Stadt, die ihn mehr oder weniger als städtischen Park führte. Doch wurden einige neue Bäume gepflanzt, darunter eben dieser Kapokbaum, der heute die Form einer Rakete hat. Mit Ausnahme dieser einen riesigen Art, von der angenommen wird, dass sie auch im tropischen Westafrika heimisch ist, kommt die Gattung lediglich in Südamerika vor. Mit über 70 Metern ist es der höchste Baum Afrikas. Die gigantischen Brettwurzeln, wie die Flügel einer Rakete, lassen ihn gleichzeitig zu einem der merkwürdigsten Bäume werden. Und der Baum hat sich als ungewohnt hilfreich für uns alle herausgestellt: Aus den Samenhaaren werden Kapokfasern gewonnen, mit denen Matratzen oder Schwimmwesten gefüllt werden, aus den Samen wird Öl gepresst, und aus dem Holz lassen sich wahlweise Streichhölzer oder aber auch Kanus herstellen.

Das Einzige, was dieser Art fehlt, ist eine auffallend schöne Blüte. Dieser Mangel wird zum Glück von einem seiner nahen Verwandten, dem Florettseidenbaum *(Chorisia speciosa),* wettgemacht. Wer den Botanischen Garten, der zurzeit verdientermaßen einen zweiten Höhepunkt erlebt, im Herbst besucht, wird von den rosa und weißen Blüten, die erscheinen, wenn das Laub fällt, überwältigt sein. Doch Vorsicht bei dem grünen Stamm: Die Stacheln sind spitz wie die eines Seeigels.

Der Kapokbaum im Botanischen Garten von Durban wurde 1934 gepflanzt. Im tropischen Westafrika ist er die größte dort heimische Baumart.

Drei australische Grasbäume im Benvie-Arboretum, KwaZulu-Natal, mit Jennie Robinson, deren Urgroßvater das Arboretum in den 1880er-Jahren gegründet hat.

Die Black Boys in Afrika

Die surrealistisch anmutenden Grasbäume aus Australien – Bäume, die wie riesige lange Säulen aus Gras aussehen –, nehmen Buschfeuer ganz gelassen. Gleichgültig ist es ihnen nicht, einigen ist es sogar willkommen. Unter Umständen ist das Feuer für die Blüte notwendig, und einige Bäume müssen über ein Jahrhundert warten, bis das Feuer kommt. Doch der Grasbaum selbst (*Xanthorrhoea australis, X. preissii* und andere) ist vollkommen feuerfest. Wenn ein Buschfeuer sich über die trockenen Küstenebenen Südost- oder Südwestaustraliens verbreitet, verkohlt lediglich die entbehrliche äußere Schicht des Grasbaums und wird schwarz. Im Inneren ist er glücklich wie ein Schornsteinfeger unter seinem rußgeschwärzten Gesicht. In Australien wurden die Bäume als »Black Boys« bezeichnet, was in keiner Weise böse gemeint war. Da die Bezeichnung aber als Diskriminierung der Aborigines empfunden wird, ist sie nicht mehr gebräuchlich. Für die Aborigines war der Grasbaum wichtig, insbesondere das Harz, das auf die toten Blätter tropft und mit dem sie Steinklingen an ihren Jagdspeeren befestigten.

Wenn man in Südafrika einen Baum »schwarz« nennt, fühlt sich niemand diskriminiert, aber ihn als »heimisch« zu bezeichnen, kann sehr wohl für Ärger sorgen, auf jeden Fall hatte ich keine Schwierigkeiten, als ich die gefeierten Grasbäume im Benvie-Arboretum, hoch in den regendurchnässten Hügeln westlich von Pietermaritzburg, aufsuchte.

»Ich zeige Ihnen unsere Black Boys«, sagte unsere zuvorkommende Gastgeberin Jennie Robinson ohne jede Scham. Und da standen sie, noch größer und surrealistischer als jene, die ich östlich von Perth in Australien selbst gesehen hatte. Das Benvie-Arboretum wurde vor etwa 120 Jahren von Jennie Robinsons Urgroßvater gegründet, einem schottischen Einwanderer namens Geekie, dessen Heimweh nach Schottland sich eindeutig auf die Gestaltung des Parks auswirkte: Die meisten Bäume sind Koniferen: riesige Waldkiefern, Weißtannen und Douglasien, die sich am schottischen Tay sicherlich zu Hause fühlen würden (wenngleich die Bäume hier bestimmt nur halb so alt sind wie Bäume dieser Größe in Schottland). Doch Geekie träumte auch davon, Australien neu zu erschaffen. Wir entdeckten hoch aufragende »Bergeschen« *(Eucalyptus regnans),* die in Melbourne bewundernde Blicke auf sich gezogen hätten. Am besten ist jedoch zweifelsohne sein Grasbaum-Trio.

Leider stellte ich fest, dass etwa zwanzig elegante Azaleen meiner Kamera den Blick auf die Bäume versperrten. »Wenn wir die doch nur abschneiden könnten«, sagte ich, ohne es wirklich ernst zu meinen. »Kommen Sie morgen wieder«, sagte unsere ewig zuvorkommende Gastgeberin, »ich besorge einige Männer und einen Bulldozer.« Man nimmt mich eigentlich nur selten ernst, aber an jenem Tag tat man es. Und am nächsten Tag – mit dem Blut der Azaleen an meinen Händen – entstand dieses Foto.

Wenn Banyanbäume zu sehr lieben

Zwei der wüchsigsten Bäume im Botanischen Garten von Durban sind die beiden gewaltigen Banyanbäume *(Ficus benghalensis)*. Der Name stammt von indischen Händlern – den »Banian« –, die ihre Ware unter dem Blätterdach der Feigenbäume feilboten. Der Baum war ein perfektes Zelt für eine beliebige Anzahl müder Reisender. Seine besondere Begabung ist es, sich durch Luftwurzeln selbst zu vermehren, und das Ausbreiten geht so schnell, dass man meinen könnte, der Baum schreite voran.

Mit Sicherheit muss der Leiter des Botanischen Gartens von Durban, Chris Dalzell, ein sorgfältiges Auge auf beide Bäume haben, falls ihr Temperament mit ihnen durchgehen sollte. Der Baum, den ich fotografiert habe, ist nur etwa 50 Jahre alt, aber er schreitet schon in Richtung Haupteingang.

Zur Entstehung des großen Banyanbaums in Kalkutta gibt es eine Geschichte mit einer Moral. Er begann sein Leben vermutlich als Epiphyt, als ein von einem Vogel ausgesäter Gast hoch oben in der Gabel eines stattlichen Riesen. Nach und nach streckte der Gast seine Wurzeln von seinem Hochsitz herab, umfasste dabei den Wirtsbaum mehr und mehr und erwürgte ihn schließlich. So stiehlt sich eine Würgefeige in die Welt. Der Banyanbaum beschränkt sich jedoch nicht auf das Würgen eines edlen alten Riesen, er hat größere Ambitionen. Ja, das Ausmaß seines Machthungers ist wahrhaft napoleonisch! Der große Banyanbaum von Kalkutta hat mittlerweile etwa eine Fläche von anderthalb Hektar eingenommen: mit einer Armee von mindestens 100 Hauptstämmen und 1775 Luftwurzeln, die sie stützen. In ein paar Jahren wird er vermutlich die halbe Stadt eingenommen haben.

Auf Mauritius, wo ich vor Kurzem meine Ferien verbrachte, wird der kleine Park im Zentrum der Hauptstadt von vier riesigen Banyanbäumen beherrscht. Wie auf dem Foto zu erkennen (mit meiner mutigen jüngsten Schwester Rachel auf der Parkbank), sehen die Bäume recht hungrig aus. Man muss schon ziemlich waghalsig sein, um sich in der Dämmerung unter einen Banyanbaum zu setzen. Aber war ich nicht selbst von allen guten Geistern verlassen? Ich blieb dort, bis der Mond aufging.

Zwei hungrige Banyanbäume.

Links: *Im Park im Zentrum von Mauritius strecken sie schon ihre Wurzeln nach meiner Schwester Rachel aus.*

Rechts: *Ein Banyan auf seinem Weg zum Haupteingang des Botanischen Gartens von Durban.*

Der Hochzeitsbaum

Wer die Arderne Gardens in Claremont besucht, einen der grünen Vororte, der um die Mitte des 19. Jahrhunderts wohlhabende weiße Familien aus Kapstadt anzog, entdeckt dort, unmittelbar hinter dem Tor auf der linken Seite, einen der größten Bäume Südafrikas: einen riesigen, aus Übersee eingeführten Feigenbaum. Der Baum, dessen Stamm und Äste sich im gotischen Stil erheben, war lange als Hochzeitsbaum bekannt. Ich glaube nicht, dass man sich unter seinen Gewölben und Strebebögen tatsächlich trauen lassen kann, bedauerlicherweise, denn der Baum ist größer als manche Kirche, und einige finden den Ort auch heilig genug, um dort ihr Gelübde abzulegen. Aber man kann sich fotografieren lassen. So übernimmt der Baum an Wochenenden und bei schönem Wetter die Rolle des Gastgebers für fröhliche, vor allem malaiische Hochzeitsfeiern.

Welche Art Feige kann in 150 Jahren derart gigantische Ausmaße annehmen? Das Schild am Baum wies ihn bei meinem Besuch im Januar 2006 als einen aus Asien stammenden Feigenbaum aus, und zwar als den bei uns als Zimmerpflanze bekannten Gummibaum *(Ficus elastica)*. Das Schild war offensichtlich vom angesehenen Department of Water Affairs and Forestry (DWAF) angebracht worden. Kürzlich hat das DWAF sämtliche großen Bäume Südafrikas registriert, einschließlich der nicht heimischen Exoten, und diesen beachtenswerten Feigenbaum zu einem der zwei größten Bäume Südafrikas ernannt. Er teilt sich den Spitzenplatz mit einem heimischen Baum, dem Sagole-Riesen, dem gigantischen Baobab in der Nähe des Limpopo. Ich muss gestehen, dass mich die Entscheidung überrascht. Der Umfang dieses großartigen Feigenbaums beträgt nur die Hälfte von jenem des Sagole-Riesen. Aber ich nehme an, das DWAF weiß, was es tut. Oder etwa doch nicht? Im Februar 2007 machte eine Kapstädter Zeitung die erstaunliche Entdeckung, dass das DWAF den Baum mit einem falschen Schild versehen hatte: Es ist kein *Ficus elastica,* also kein Indischer Gummibaum aus Asien, sondern ein *Ficus macrophylla,* eine Großblättrige Feige oder Australischer Gummibaum aus dem östlichen Australien.

Die zwei Riesenfeigen sind sich sehr ähnlich. Beide Bäume können ihr Leben als Würgefeigen beginnen, wenn ein Vogel, der sich von Feigen ernährt, einen Samen in die Astgabel eines unglückseligen Wirtsbaums hat fallen lassen. Beide entwickeln Luftwurzeln, die das enorme Gewicht der Äste unterstützen sollen (wenn auch nicht im gleichen Maße wie der Banyanbaum, *Ficus benghalensis*). Beide Bäume können sehr invasiv sein, also einen starken Ausbreitungsdrang zeigen, denn dank ihrer Früchte, die von Vögeln und Säugetieren weit verbreitet werden, können sie an Orte gelangen, wo sie der heimischen Natur schaden. Aber – und dies ist ein großes Aber – sie werden nur dann invasiv, wenn sie ihre eigene besondere Wespe haben, die ihre Feigen befruchtet. Soweit mir bekannt ist, hat Gott sei Dank keine dieser zwei heimtückischen Wespen Südafrika bisher erreicht.

Die guten Seelen des DWAF haben mein aufrichtiges Mitleid. Derselbe ärgerliche Fehler hätte mir genauso unterlaufen können.

Die riesige Großblättrige Feige (auch als Australischer Gummibaum bekannt) in Arderne Gardens, Kapstadt, die vor Kurzem zusammen mit einem weiteren Baum zum größten Baum Südafrikas ernannt wurde.

Für das Regenbogenland

Als Erzbischof Desmond Tutu 1994 die inspirierende Bezeichnung vom »Regenbogenland« prägte, dachte er mit Sicherheit nicht an Eukalyptusbäume. Vielmehr hatte er zwei Bilder im Sinn. Das erste ist religiöser Art und stammt aus der Bibel (Genesis 9, 13): Gott verspricht, dass die Sintflut vorüber ist, und sendet als Zeichen seines Bundes mit Noah und jedem Lebewesen den Regenbogen (»Meinen Bogen habe ich in die Wolken gesetzt«). Das zweite ist politisch und verwendet den Regenbogen als Symbol der Vielfalt – der ethnischen und kulturellen sowie der Vielfalt der Rassen. Beide Bilder wurden später von Nelson Mandela verbunden in den berühmten Worten, die er im ersten Monat seiner Präsidentschaft sprach, »ein Regenbogenland, im Einklang mit sich selbst und der Welt«.

Was verbindet all dies mit dem bescheidenen (und häufig verhassten) Eukalyptus? Im Botanischen Garten von Durban kann man eines der seltensten Exemplare dieser Gattung betrachten. Es wurde vor etwa 70 Jahren aus Neuguinea eingeführt und dürfte jeden Eukalyptus-Feind sofort zu einem hingebungsvollen Verehrer konvertieren. Der sogenannte »Regenbogen-Eukalyptus« *(Eucalyptus deglupta)* besitzt nicht nur einen fantasievollen Namen, seine Rinde bietet tatsächlich ein unglaubliches Spektrum an Farben, die von Grün und Scharlachrot bis Blau und Gelb reichen. Wer den Baum länger als eine Minute ansieht, muss sich einfach im Einklang mit sich selbst und ja, sogar mit der Welt fühlen. Ich wünschte, er könnte von den Natur-Fundamentalisten betrachtet werden, die versuchen, Südafrika von fremdländischen Pflanzen zu säubern. Ich bin sicher, dass er ihren puritanischen Eifer besänftigen würde. Leider ist die Pflanze ein empfindliches Geschöpf aus den Tropen und somit zum Überleben auf das milde Klima von Durban und der nördlichen Küstenstriche angewiesen. Eine Nacht in Johannesburg könnte für den Baum bereits verhängnisvoll sein. Sonst könnte der Baum als perfektes Symbol für den neuen Pluralismus in Südafrika dienen, den Bischof Tutu und Mandela mitbegründet haben.

Links und rechts: *Der »Regenbogen-Eukalyptus«* (Eucalyptus deglupta) *aus Neuguinea im Botanischen Garten von Durban: Symbol eines neuen Pluralismus?*

Der Baum, der zum Abendessen kam

Ein Tasmanischer Blaugummibaum, auch als Blauer Eukalyptus bekannt, ist nicht jedermanns Sache, ganz sicher nicht, wenn er 30 Meter hoch ist und schon verhalten an die Esszimmertür klopft. Doch die Besitzer des Houw Hoek Inn in der Nähe von Grabouw, Western Cape, sind stolz auf ihren Baum. Das Houw Hoek Inn zählt zu den ältesten in Südafrika, der Baum ebenfalls.

Man findet beide in der Nähe des Sir Lowry's Pass, etwas abseits der »Garden Route« (N2), die südöstlich aus Kapstadt hinausführt. Sir Lowry Cole war einer von Wellingtons Generälen, der nach dem Kriegsende 1815 half, das britische Empire zu unterstützen. Der Ingenieur war Gouverneur am Kap und fand, das Anlegen von Straßen und Häfen sei eine passende Beschäftigung. Ohne Zweifel wohnte er in den 1830er-Jahren im Houw Hoek Inn, als er den Pass in den Berg schlagen ließ, der heute seinen Namen trägt. Es heißt, er habe den Besitzern den Blaugummibaum, den er als Samen aus Tasmanien mitgebracht hatte, geschenkt, damit sie ihn an dem Inn pflanzen können – der erste Eukalyptus auf südafrikanischem Boden.

Mit Sicherheit konnte diese Art, *Eucalyptus globulus,* die erst 1795 von einem europäischen Botaniker entdeckt worden war, zu jenem Zeitpunkt überall außer in Südostaustralien als Rarität gelten. Doch der Samen – in einer eleganten braunen Kapsel in der Form einer kleinen Amphore – keimte bereitwillig. Blaugummibäume sind für mitteleuropäische Klimabedingungen zu frostempfindlich, sie haben eine Vorliebe für die warm gemäßigten und subtropischen Gegenden der Welt, wo sie bis zu 60 Meter hoch werden können. In ihrer tasmanischen Heimat sind sogar Exemplare von 90 Meter Höhe bekannt.

In den 1860er-Jahren wurde dieser Eukalyptus in China und Asien großflächig angepflanzt und als Bauholz verwendet. Zu Beginn des 20. Jahrhunderts war er in armen Ländern wie Äthiopien das bedeutendste Nutz- und Brennholz. Heute ist *Eucalyptus globulus* dank seiner enormen Schnellwüchsigkeit der am häufigsten als Forstbaum angepflanzte Eukalyptus der Welt. Er findet hauptsächlich Verwendung als Lieferant von Brennholz und Zellstoff für die Papierindustrie. Für Möbel wird das Holz hingegen weniger geschätzt, weil es nur schlecht zu

Rechts: *Der 170 Jahre alte Blaugummibaum, der verhalten an das Esszimmer des Houw Hoek Inn anklopft, an der Straße, die südöstlich aus Kapstadt hinausführt.*

Links: *Blick aus dem Esszimmer auf den Gast aus dem Garten.*

bearbeiten ist. Außerdem dient der Baum als Apotheke: Aus seinen Blättern wird das Eukalyptusöl für Hustenbonbons hergestellt. Und wo dem Baum das Klima zusagt und sich ein passendes Plätzchen für ihn findet, wird er auch gerne als Ziergehölz in Parks und Gärten gepflanzt.

Im Houw Hoek Inn wird der Baum eher wie ein – ziemlich – großes Haustier betrachtet. Er wird gut ernährt und gepflegt. Dem Inn droht wohl keine Gefahr, aber ich muss dennoch an die Geschichte des irischen Staatsmannes Henry Grattan denken, die gegen Ende des 18. Jahrhunderts kursierte. Eines Tages warnte ihn sein Verwalter, dass die großartige Buche auf der Rasenfläche allmählich sein Haus bedrohte. »Ja, das dürfte dann wohl das Ende sein«, soll Grattan traurig erwidert haben – »des Hauses, meine ich.«

Hoffen wir, dass dem Houw Hoek Inn dieses Schicksal noch viele Jahre lang erspart bleibt.

OEK INN

Düstere Schatten

Lieber rot als tot

Dave und Tana Hilton-Barber betreiben eines der luxuriösesten Gästehäuser in der Provinz Limpopo. Ich war dort selbst zu Gast und kann die zahlreichen Annehmlichkeiten nur bestätigen. Das Schönste war für mich ein abgestorbener Eukalyptus – ein verstorbener Gast, könnte man sagen –, der einen Ehrenplatz auf dem Rasen hatte. Und da stand er nun, ein Roter Eukalyptus *(Eucalyptus camaldulensis)*, dessen abblätternde Rinde einst rosa wie die Haut eines Babys war und heute so weiß wie Elfenbein schimmert.

Die in Australien heimische Art ist weiter verbreitet als jeder andere Eukalyptus und hat zahlreiche Bewunderer. Er gedeiht hervorragend auf den denkbar schlechtesten Böden: auf felsigem Boden, an Berghängen und besonders in heißen Flusstälern, in denen Schatten ein seltenes und kostbares Gut ist. Sein Holz ist hart und schön gemasert. Die Art wurde sogar nach Italien exportiert (daher auch der eigenartige Name, der von dem italienischen Kloster Camaldoli abgeleitet ist, wo der Baum das erste Mal beschrieben wurde). Und auch in Südafrika war er zunächst ein willkommener Gast. Leider stellte sich heraus, dass er sein Adoptivland nicht besonders umsichtig, sondern eher etwas zu heftig liebte. Die Behörden haben ihn jetzt als invasiv eingestuft. Ich glaube nicht, dass es tatsächlich verboten ist, ihn zu verkaufen. Aber die Art steht jetzt unter keinem guten Stern, da sie sich an Wasserläufen unkontrolliert ausbreiten kann. Tatsächlich sind im Rahmen des Vorhabens, die Wasserressourcen des Landes zu schützen, Millionen Dollar an Auslandshilfe in den Versuch geflossen, diesen Eukalyptus ebenso wie andere australische Eindringlinge so weit wie möglich auszumerzen.

Dennoch sollte man nicht allzu hart mit dem Baum ins Gericht gehen. Einer der großartigsten Bäume des Landes ist der Rote Eukalyptus auf dem Marktplatz von Stellenbosch in der Nähe von Kapstadt. Er ist das größte bekannte Exemplar seiner Art. An einem grauen trüben Nachmittag im Januar 2006 machte ich mich auf, ihn zu fotografieren. Der Baum schien guter Dinge, was auch meine Stimmung hob. Aber der Riese schien nicht sonderlich viele andere Bewunderer zu haben. Es gab keinen Hinweis, auf dem zu lesen gewesen wäre, dass der Baum vermutlich geschützt ist, und die verletzliche Rinde war nicht durch ein Geländer vor Schäden durch Lieferwagen geschützt, die den Markt mit Gemüse versorgten. Ich hoffe, meine Befürchtungen sind unbegründet. Wenn ich das nächste Mal nach Stellenbosch fahre, wird dann noch die abblätternde Rinde rosa leuchten oder wird der großartige Baum schimmern wie eine Säule aus Elfenbein?

Ein verstorbener Gast – ein Roter Eukalyptus – auf dem Rasen von King's Walden in der Provinz Limpopo.

Der größte Rote Eukalyptus steht auf dem Marktplatz von Stellenbosch, Western Cape. Hat er denn gar keine Bewunderer?

OFFICES TO LET
MERRIMAN PLACE
CL 58257

Dem Tod geweiht

Die Schönen und Verdammten

Vor einigen Jahren veröffentlichte die führende Zeitung Südafrikas eine verblüffende Geschichte. Es hieß, die Stadtverwaltung von Pretoria habe widerwillig zugestimmt, sämtliche Bäume der berühmten Jacaranda-Alleen zu fällen, die die Stadt und ihre Vororte alljährlich im Oktober und November mit ihren leuchtend blauen und malvenfarbenen Bändern durchziehen. Die Bäume seien Fremdlinge, und schlimmer noch, invasive Fremdlinge, und drohten, die geliebte heimische Flora der Region zu verdrängen oder sogar zu ersticken. Also bliebe keine andere Wahl.

Die Leser wurden daran erinnert, dass es wegen der Gefahr, die die Bäume darstellen, bereits illegal sei, Jacarandas in südafrikanischen Gärtnereien anzubieten. Auch verstieße es gegen das Gesetz, ein Haus in KwaZulu-Natal, der Provinz, zu der auch Durban gehört, zu verkaufen, ohne vorher sämtliche Jacarandas im Garten gefällt zu haben. Somit war das Fällen der Alleebäume in der Hauptstadt Pretoria beschlossene Sache. So hieß es zumindest in der führenden Zeitung.

Viele Leser reagierten mit Entsetzen, einige mit Empörung. Andere meinten, es geschehe den Jacarandas recht, schließlich seien sie Eindringlinge. In Sendungen, in denen die Hörer telefonisch zu Wort kommen konnten, wurde die Entscheidung der Stadtverwaltung scharf kritisiert, von einigen anderen wurde sie aber auch in Schutz genommen. Dann beruhigte sich der Sturm genauso rasch, wie er aufgezogen war. Die Meldung war am 1. April veröffentlicht worden und das Ganze ein Aprilscherz. An der Geschichte war nichts Wahres dran.

Oder etwa doch? Viele waren der Geschichte auf den Leim gegangen, weil sie doch viel Wahres enthielt. Es ist Gärtnereien in Südafrika tatsächlich gesetzlich untersagt, Jacarandas anzubieten. Der Baum gilt als verbotener Eindringling und zählt zu den etwa hundert invasiven Arten, die ursprünglich von außerhalb der Kapregion eingeführt wurden und heute dort eingebürgert sind.

Jacarandas *(Jacaranda mimosifolia)* stammen ursprünglich aus dem Nordwesten Argentiniens und haben in der gesamten subtropischen Welt Bewunderer gefunden. Sie werden in erster Linie als Straßenbäume eingesetzt und verschönern triste Bürgersteige vom Mittelmeer bis nach China. Südafrika erreichten sie um 1880, und Buren und Briten gleichermaßen schlossen sie unverzüglich in ihr Herz. Schon bald galten sie in Pretoria und Johannesburg als das Zeichen des Frühlings. Für Präsident Mandela symbolisierten sie sogar die Vielfalt der südafrikanischen Identität. »Jeder von uns«, sagte er 1994 in seiner berühmten Rede über die Regenbogen-Nation, »ist so innig mit dem Boden dieses schönen Landes verbunden wie die berühmten Jacarandas von Pretoria und die Mimosen des Bushvelds.«

Doch im Gegensatz zu den meisten eingeführten Zierbäumen wurde die Jacarandas Opfer ihres eigenen Erfolgs. Ihre geflügelten Samen, die jeden Herbst millionenfach aus den Samenkapseln entlassen werden, fliegen hinaus in die Wildnis und keimen dort. Im trockenen Bushveld und den ausgedörrten Flusstälern wird sie dann zum Feind. Sie nimmt uns unser Wasser, sagt die Wasserbehörde. Sie macht unseren Wildblumen zu viel Schatten, sagen die Botaniker. Dort draußen soll sie nun vernichtet werden, so hoffen zumindest die Behörden.

Letzten Oktober war ich unweit des Zentrums von Pretoria im Garten von Melrose House, der Villa eines Handelsfürsten, die in den letzten anderthalb Jahren des Burenkrieges als Hauptquartier des britischen Oberbefehlshabers Lord Kitchener diente. Im Esszimmer wurde am 31. Mai 1902 der Friedensvertrag unterschrieben, das Haus ist heute als Museum zugänglich. Im Garten des Hauses wurde ich dann von einer wahren Explosion an Blüten von einem alten Kriegsveteranen begrüßt, einer hundertjährigen Jacaranda.

Was mag wohl das Schicksal dieses blassblauen Symbols des Frühlings – und des Friedens – sein? Und was das Schicksal all dieser wunderbaren Jacarandas entlang der Straßen und in den Gärten Südafrikas? Ich hoffe, dass die Behörden ein Einsehen haben werden. Wenn der Kauf und Verkauf von Jacarandas untersagt bleibt, können keine jungen Bäume gepflanzt werden, und die Art ist damit langfristig zum Tode verurteilt. Ich hoffe sehr, dass die Art von den Natur-Fundamentalisten verschont bleibt. Aber Wetten möchte ich lieber nicht abschließen.

Die Jacarandas im Garten von Melrose House in Pretoria. Im Hauptquartier des britischen Oberbefehlshabers Lord Kitchener wurde hier am Ende des Burenkrieges am 31. Mai 1902 der Friedensvertrag unterschrieben. Der Krieg gegen die Jacarandas dauert jedoch unvermindert an.

Links und oben:
Zwei Blicke auf die Vororte im Westen Pretorias zur Blütezeit der Jacarandas. Ist die Art hier in Südafrika wirklich zum Tode verurteilt?

Die verschmähten Apfelmyrten

Einer der am wenigsten bekannten, zugleich aber schönsten Vertreter unter den vielen Tausend Arten der Myrtengewächse ist die Australische Apfelmyrte *(Angophora costata)*. Die rötlich rosafarbene Rinde zieht die Aufmerksamkeit auf sich wie ein Magnet, die geschmeidige Figur und die reizenden Kurven tun ein Übriges. Doch ist sie ein bescheidener Baum, mit gerade einmal 18 Metern nahezu ein Zwerg für einen Eukalyptus.

Zumindest galt die Art bis zu den 1980er-Jahren als Eukalyptus. Dann wurde sie mit 12 weiteren Arten von der etwa 700 Arten starken Gattung *Eucalyptus* abgetrennt und in die neu geschaffene Gattung *Angophora* eingeordnet. Einigen australischen Botanikern hatte es nicht gefallen, dass die Blütenblätter dieser 13 Bäume nicht in der Art und Weise wie bei einem wohlerzogenen Eukalyptus verwachsen. (Für die restliche Welt war dies nicht wirklich ein Problem, da die Blütenblätter so gut wie unsichtbar sind.) Auf jeden Fall bekamen die botanischen Spalter damals in den 1980er-Jahren, was sie wollten. Aber zu einer eigenen Gattung zu gehören macht das Leben nicht unbedingt einfacher.

Die schönsten Apfelmyrten, die ich in Südafrika gesehen habe, standen im Tokai-Arboretum an den Hängen des Tafelbergs, etwa drei Kilometer außerhalb der Vororte Kapstadts. Die Sammlung ist weltberühmt – und dies zu Recht. Auf einem halbstündigen Spaziergang sieht man bereits etwa einhundert Arten *Eucalyptus, Angophora* und *Corymba,* eine weitere neue Gattung, die von *Eucalyptus* abgetrennt wurde. All diese exotischen Geschöpfe wurden vor etwa hundert Jahren als Samen aus Australien eingeführt. Und kein armer Einwanderer aus Holland oder England hätte sich in seinem neuen Land besser einleben können als sie. Meines Wissens gibt es kein Arboretum auf der Welt, einschließlich jener in Australien, das so viele, so perfekt an Boden und Klima angepasste Eukalyptus-Arten (im weiteren Sinne) besitzt wie Tokai.

Aber was hört man in Tokai? Sollte das tatsächlich das grimmige Aufheulen einer Kettensäge sein? Ist es möglich, dass die Bäume im Arboretum selbst nicht geschützt sind? Es stellte sich heraus, dass in den 1990er-Jahren bei der Festlegung der Grenzen des Table-Mountain-Nationalparks das Tokai-Arboretum zum Park hinzugezählt wurde. Die Nationalparkbehörden folgen jedoch einem einzigen Gedanken, der ihnen von den Natur-Fundamentalisten geliefert wurde: den alten Ruhm des Tafelberges wiederherstellen, indem sämtliche nicht in der Region heimischen Bäume, die innerhalb des Parks wachsen, entfernt werden.

Die Folge? Der langsame Tod des Arboretums. Ausgesamte Bäume aus der eigenen Exoten-Sammlung werden regelmäßig entfernt, Ersatzpflanzungen scheint es keine zu geben. Dafür werden Sämlinge von heimischen Bäumen wie Afrikanische Steineiben geschützt.

Die Apfelmyrten befinden sich natürlich in einer anderen misslichen Lage als die Jacarandas in der Stadt. Sie gelten zwar nicht als invasiv, stehen aber einer bestimmten Vorstellung im Weg und müssen deshalb weichen. Es steht zu befürchten, dass in zwanzig Jahren die glorreichen Eukalyptusbäume von Tokai – und sämtliche anderen Raritäten – stillschweigend durch eine langweilige Sammlung kleiner heimischer Bäume ersetzt sein werden, die, mit Ausnahme einiger weniger Extremisten, niemandem wirklich gefällt.

Die Australischen Apfelmyrten im Tokai-Arboretum in der Nähe von Kapstadt werden von Natur-Fundamentalisten bedroht, die sie durch heimische Bäume ersetzen wollen.

Vom Sturz eines Kolosses

Im Gegensatz zum Tokai-Arboretum, das nur einige wenige Besucher pro Tag zählt, zieht das Rhodes Memorial täglich Tausende von Ausflüglern an. Es liegt nur wenige Minuten vom Zentrum Kapstadts entfernt und bietet, 150 Meter oberhalb der Stadt, eine der schönsten Aussichten der Welt: den atemberaubenden Blick auf Kapstadt und die Tafelbucht. Das Memorial selbst bietet den besten Blick: ein aufsehenerregender Granitschrein zu Ehren des berühmtesten (und berüchtigtsten) Premiers der Kapkolonie, Cecil Rhodes. Das Memorial wurde nach seinem Tod gebaut. (Es enthält die bizarre Statue eines nackten Mannes auf einem Pferd mit dem Namen »Körperliche Energie«, die zunächst Attila oder Dschingis Khan darstellen sollte, dann aber wohl nach Cecil Rhodes entstanden ist.) Die Bäume um das Memorial weisen jedoch keine Spuren solchen Größenwahns auf. Es sind große stattliche Pinien und immergrüne Eichen, die zu Rhodes' Lebzeiten gepflanzt wurden und noch gut ein Jahrhundert leben könnten. Doch werden sie möglicherweise in ein paar Jahren verschwunden sein, wenn die Natur-Fundamentalisten sich durchsetzen können.

Rhodes, Alfred Beit und ihre Kumpane hatten alles auf eine Verschwörung gesetzt, mithilfe deren sie den Transvaal übernehmen wollten. Sie planten einen Staatsstreich in Johannesburg, dem ein Angriff in Bechuanaland unter der Leitung von Dr. Jameson vorausgehen sollte. Natürlich endete alles mit einem Fiasko, und mit einem Schlag hatte Rhodes seine politische Karriere selbst beendet. Doch der Koloss (wie Rhodes sich selbst rühmte) hatte seine guten Seiten. Er besaß einen ausgesprochenen Sinn für Ästhetik (fairerweise sollte man hinzufügen, dass dieser ausgeprägter war als sein moralisches Empfinden). Er liebte Bäume als Ästhet und bestückte sein eigenes Haus, Grote Schuur, großzügig mit Kiefern und anderen Exoten, insbesondere mit Bäumen aus dem Mittelmeerraum. Ebenso verteilte er reichlich Pinien und andere Kiefern sowie Eichen an den unteren Hängen des

Links und oben:
Die mediterranen Kiefern am Rhodes Memorial wurden von Rhodes selbst an den Hängen des Tafelberges gepflanzt. Heute stehen auch sie auf der Abschussliste von Natur-Fundamentalisten.

Tafelberges, einschließlich jenes Hanges, an dem jetzt das Memorial steht.

Die Pinien waren Rhodes' Stolz und Freude. Hier in seinem Horst oberhalb von Grote Schuur gediehen sie sogar noch besser als neben dem Parthenon oder auf den sieben Hügeln Roms. Seht meine Pinien, konnte er sagen: Pinien, die eines Kaisers würdig sind. Über ein Jahrhundert lang haben sie nun die Landschaft bereichert, ein sich dahinschlängelnder grüner Schal, nonchalant über die nackten Schultern des Berges geworfen.

Doch nun sind sie genauso bedroht wie die Eukalyptusbäume in Tokai, liegt doch das Rhodes Memorial innerhalb desselben Nationalparks am Tafelberg wie das Tokai-Arboretum. Die Nationalparkbehörde hat beschlossen, langfristig sämtliche Exoten vom Berg zu verbannen.

Ist ein Kompromiss denn völlig undenkbar? Rhodes wählte zwei verschiedene Kiefernarten für sein künstlerisches Vorhaben aus. Die stärkere von beiden ist die Strandkiefer *(Pinus pinaster)*, die invasiv sein kann: Nach einem Feuer steigen die geflügelten Samen in die Luft und können kilometerweit fliegen. Die stimmungsvollere ist die Pinie *(Pinus pinea)*, die keinerlei Ehrgeiz zeigt, den Berg zu bevölkern. Ihre Samen sind die Pinienkerne: schwer, flügellos und von köstlichem Geschmack. Es ist durchaus sinnvoll, die Strandkiefer dort abzuholzen, wo sie das heimische *fynbos* bedroht, die Vegetation des vom mediterranen Klima geprägten Kaplandes. Aber weshalb nicht die Pinien verschonen, insbesondere jene, die um das Memorial herum und auf dem westlich davon gelegenen Universitätsgelände stehen? Die momentanen Pläne scheinen das Entfernen sämtlicher Kiefern vorzusehen. Einige sollen abgeholzt werden, einschließlich der Bäume auf dem Universitätsgelände. Andere sollen durch Zermürbung – durch das Verhindern der Fortpflanzung – entfernt werden.

Doch möglicherweise dient der Plan des Entfernens sämtlicher Kiefern nicht nur dem Erhalt des *fynbos*. Das Ziel könnte auch sein, den Koloss selbst zu stürzen. Allerdings starb Cecil Rhodes vor 105 Jahren bereits als gebrochener Mann. Warum sollten seine Bäume nun für die Sünden ihres Vaters büßen müssen?

Bedrohte Bäume

TEIL IV

Flaschenbäume und Halfmen

Ein Schrein wie ein Fabrikschornstein

Vorhergehende Seiten: *Die berühmte Baobab-Allee in der Nähe von Morondava im Westen Madagaskars ist von den Abwässern einer nahe gelegenen Zuckerraffinerie und von den Folgen des Klimawandels bedroht.*

Links: *Der heilige Baum in der Nähe von Morondava und der heilige Teich.*

Unten: *Die Allee im April 2005 – ganz allmählich schwindet sie dahin.*

Auf der Liste der Sternstunden meines Lebens stünde der Sonnenuntergang an der Baobab-Allee in Morondava im Südwesten Madagaskars ziemlich weit oben. Ich habe die Geschichte bereits in *Bäume* erzählt: wie eine etwas üppige Dame aus Belgien mit einer winzigen Kamera mich fast um das Bild meines Lebens gebracht hätte, indem sie sich einfach mitten in den Weg stellte. Dies, und der glückliche Ausgang der Geschichte, geschah im August 2000.

Fünf Jahre später, im April 2005, kehrte ich nach Morondava zurück, um die röhrenförmigen Baobabs ein weiteres Mal zu betrachten, doch war das Erlebnis in mancher Hinsicht eher bedrückend. Die große Allee schwindet ganz allmählich dahin. Das wäre bereits schlimm genug, wenn die Art von Baobab in Morondava, *Adansonia grandidieri,* auf Madagaskar weit verbreitet wäre. Tatsächlich steht sie aber, zusammen mit zwei weiteren auf der Insel heimischen Arten, auf der weltweiten Liste der bedrohten Arten. Die Baobabs von Morondava haben offensichtlich zu kämpfen. Seit meinem letzten Besuch haben zwei der Bäume bereits begonnen, die Blätter zu verlieren. Ich weiß nicht genau, warum. Falls es eine Folge des Klimawandels und des schnelleren Temperaturanstiegs in den heißeren Gegenden der südlichen Halbkugel sein sollte, kann auf lokaler Ebene nichts unternommen werden. In einer madagassischen Zeitung las ich jedoch, dass auch die Abwässer einer unweit gelegenen Zuckerraffinerie eine der Ursachen sind.

Um wieder etwas bessere Laune zu bekommen, nahm ich ein Taxi und wollte einem einzeln stehenden Baobab, der als Schrein verehrt wird, einen weiteren Besuch abstatten. Er war riesig, der größte Grandidier-Baobab, den ich jemals gesehen habe, aber unmöglich zu fotografieren, da der heilige Baum im unteren Teil von Buschwerk verdeckt wurde. Er befand sich etwa anderthalb Kilometer von der Allee entfernt. Oder doch nicht? Der Baum schien sich in Luft aufgelöst zu haben. Wir fragten einen Bauern, der seine Zuckerrohrfelder pflegte. »Ach ja, der ist weg, … vor etwa zwei Jahren ist er umgestürzt. Wenn man durch den Busch kriecht, kann man die Reste noch sehen.« Ich fand sie, die Reste: ein riesiger Haufen verfaultes Mark, wie ein Haufen alter Zeitungen.

»Aber der andere heilige Baum ist noch da«, meinte der Bauer. Wir fuhren einige Kilometer entlang einer roten Sandpiste, die von der Allee abzweigte, und da stand er tatsächlich: ein heiliger Baum, nicht ganz so groß wie der erste, aber immer noch massiv genug, der sich wie ein Fabrikschornstein aus einem kleinen Wald am Rand eines heiligen Teiches erhob. Ich kroch durch das Unterholz zum Stamm, und es war wahrhaftig ein Schrein: Ich fand Gaben aus Blumen und Reis. Doch wer verehrte ihn hier?

Ich stellte meine Kamera auf, und die Götter waren mir gnädig: Aus dem Nichts erschien eine Herde Rinder, die im heiligen Teich ihren Durst stillten.

Die Spur des Riesen

Auf Madagaskar gibt es sechs heimische Baobab-Arten – sechs von den acht existierenden Arten auf der Welt. Vier davon kannte ich von einem früheren Besuch, einschließlich der bedrohten *Adansonia grandidieri* in Morondava. Was war mit den anderen beiden, ebenfalls bedrohten: *Adansonia suarezensis* und *Adansonia perrieri?*

Obwohl die Art relativ selten ist, bildet *Adansonia suarezensis* ein leichtes Ziel für den Baumjäger. Es gibt zwei gute Exemplare auf einem Hügel: verkrüppelte kleine rosa Bäume mit abgeflachter Krone, etwa eine halbe Autostunde außerhalb der hoch oben im Norden gelegenen Stadt Antsiranana (ehemals Diego Suarez). Glücklicherweise werden sie von den örtlichen Bauern als heilige Bäume verehrt, sonst wären sie mit Sicherheit wie die anderen bereits gefällt, um landwirtschaftlichen Flächen zu weichen. Sie könnten auch kleinere Ausgaben der Grandidier-Baobabs sein und wären durchaus beeindruckend, wenn man in seinem Leben noch keine anderen Baobabs gesehen hätte.

Adansonia perrieri ist nahezu ausgestorben. Die Art ist die größte der nördlichen Baobabs und gleichzeitig die seltenste. Es sind nur vier Gruppen dieser Bäume bekannt, die insgesamt wohl weniger als einhundert Exemplare umfassen. Wie eine seltene Elefantenart verstecken sie sich in den regendurchnässten Bergen südlich von Diego, den Montagne d'Ambre – einem Nationalpark, geschaffen von den französischen Behörden, die den Großteil der Wälder zum Abholzen freigaben. Ich besorgte mir einen kundigen Führer, einen Koch, einen Fahrer und eine Campingausrüstung und begab mich im April 2005 mit einer abenteuerlustigen Freundin, Tricia Daunt, auf die Suche nach den Riesen.

Begleitet von Mücken und Blutegeln stiefelten wir zwei Tage lang durch den Regenwald. Dann entdeckten wir unsere Jagdbeute: Auf der anderen Seite eines rauschenden Baches erhob sie sich unverkennbar riesig und grau aus dem Dschungel. Die Mannschaft stürzte sich in den Bach, und ich folgte vorsichtig, mich von einem rutschigen Stein zum nächsten vortastend. Das musste tatsächlich *Adansonia perrieri* sein: knapp 25 Meter hoch, die Früchte viel runder als jene von *Adansonia digitata* (dem in Afrika heimischen Baobab, der nach Madagaskar eingeführt wurde). Über uns schmückten fünflappige Blätter die Baumkrone. Doch wie sollte ich dieses Geschöpf des Dschungels nur fotografieren? Wir wechselten uns ab mit der Machete, und eine halbe Stunde später war der Baum auch schon im Kasten.

Rechts: Adansonia perrieri, *die seltenste der sechs heimischen Baobab-Arten auf Madagaskar. Wir entdeckten diesen Baum an den Ufern eines rauschenden Baches im Montagne d'Ambre.*

Links: *Zweige mit Früchten.*

Eine kurze Wanderung im *Tsingy*

Knapp hundert Kilometer südlich von Diego befindet sich der Ankarana-Nationalpark, eine kleine Insel von Trockenwald mit seltenen Bäumen, die auf mysteriöse Weise den Holzfällern entgangen sind, und Lemuren. Es ist das Herzstück des Karsts, des *Tsingy:* eine Mondlandschaft aus erodiertem Kalkstein, durchzogen von tiefen Schluchten. Ich war eigentlich auf der Suche nach einer seltenen flaschenförmigen Sukkulente, dem hier heimischen *Pachypodium decaryi* (Elefantenfuß), von dem, so hatte man mir erzählt, einige beeindruckende Exemplare aus den spitzen Zacken des erodierten Kalksteins wachsen sollten, ganz wie der blaue Enzian zu Hause in Irland, der im Kalksteinkarst des Burren gedeiht.

In der Trockenzeit kann man bis zum Hauptcamp, Campement Anilotra, fahren. Es war jedoch April und noch Regenzeit. Wir wohnten in Bambushütten am östlichen Ende des Reservats und brachen am zweiten Morgen unter einer heißen Sonne zu einer Vierstundenwanderung zum *Tsingy* auf.

Der Pfad führte durch einen Wald, der von ungewöhnlichen Lebensformen nur so wimmelte. Wir trafen auf einen kleinen Lemuren, der verschlafen aus seinem Nest in der Spitze eines faulen Baums spähte. François, unser Führer, sagte, das sei ein nachtaktiver Nördlicher Wieselmaki. Zwei Stunden später gelangten wir zu einem riesigen Feigenbaum, dessen Brettwurzeln sich wie Finger ausstreckten. François zeigte uns eine Landkrabbe, die in einem der Zwischenräume der Wurzeln aufgetaucht war. In der Trockenzeit, meinte er, sinke der Grundwasserspiegel und die Krabben mit ihm: Erst wenn die Regenzeit einsetzt, kämen die Krabben wieder zum Vorschein.

Links: *Aus den Wurzeln eines riesigen Feigenbaums taucht eine Landkrabbe auf.*

Rechts: *Die Riesenfeige im Wald auf ihrem Weg zum* Tsingy.

Das merkwürdigste Erlebnis lag jedoch vor uns, als wir uns dem *Tsingy* selbst näherten. Wir hörten das Lachen junger Frauen und sahen plötzlich zwanzig amerikanische Studentinnen vor uns, perfekt gestylt, als befänden sie sich auf einem Spaziergang durch den Central Park. Es stellte sich heraus, dass sie einen sechsmonatigen Kurs zur

Links: *Ein blühendes* Pachypodium decaryi *im* Tsingy.

Rechts: *Zwei amerikanische Studentinnen und ein Kronenmaki.*

Kultur der Dritten Welt belegt hatten, und zwar unter Führung eines einzelnen männlichen Professors – der allerdings sah etwas verdrossen aus. Nach einer Weile waren wir anderen aber vom *Tsingy* absolut begeistert. Mit seinen scharfen Zacken und tiefen Spalten mutete das Ganze eher wie ein Eisstrom aus Kalkstein an, über den man sich in kleinen Sprüngen fortbewegte. Und es gab Braune Makis, die sich für das studentische Picknick interessierten, und mehrere *Pachypodium* (Elefantenfüße) für mein Objektiv.

Zwei davon konnte ich ohne allzu großes Risiko, mir den Knöchel oder gar den Hals zu brechen, fotografieren, denn sie wuchsen ganz am Rand des »Eisstroms«, auf dem wir uns befanden. Unter uns klaffte eine tiefe Schlucht, die unzugänglich schien. Beide *Pachypodium* trugen schöne weiße Blüten. Sonst hätten sie vielleicht nur grotesk gewirkt, kauernd im Kalksteinlabyrinth, mit ihren aufgeblähten Stämmen, die sie wie Mini-Baobabs aussehen ließen.

Ich hatte soeben mein zweites Bild gemacht, als sich der Himmel bezog und seine Schleusen öffnete. Ich bin auf Wanderungen schon oft nass geworden, aber niemals derart bis auf die Haut. So konnte ich unserer vierstündigen Rückkehr zu den Hütten entlang eines nunmehr spiegelglatten Lehmpfades denn auch nicht wirklich viel abgewinnen. Die Studentinnen, die Lemuren und der bedrückte Professor waren allesamt wie vom Erdboden verschluckt.

Aloe, Aloe, hört ihr uns?

Bevor man zu Hell's Kloof und zum Eingang vom Richtersveld-Nationalpark im Northern Cape gelangt, mit den wilden Bergen Namibias, die jenseits des Orange River locken, überquert man einen eher banalen Hügel namens Cornellskop. Besser gesagt, es wäre ein gewöhnlicher Hügel, wenn der Botaniker Neville Pillans hier nicht in den 1920er-Jahren eine neue Art baumförmiger Aloe entdeckt hätte. Die Bäume stehen heute noch dort und sind berühmt, weil sie so selten und doch so leicht zu finden sind, und sie wurden, wie es sich gehört, nach ihrem Entdecker benannt: *Aloe pillansii*.

Natürlich waren sie schon sehr bekannt, lange bevor man sie als eigenständige Art identifizierte. Nur hatte man sie bis dahin einfach für ungewöhnlich hohe und hagere Exemplare des gewöhnlichen Köcherbaums *Aloe dichotoma* gehalten. Pillans entdeckte jedoch wesentliche Unterschiede. Wenn die Bäume im Frühling blühen, erscheinen in den Achseln der untersten Blätter überhängende gelbe Blütentrauben. Beim gewöhnlichen Köcherbaum sind die Blüten hingegen leuchtender gelb, erscheinen im Spätherbst und stehen kerzengerade aufrecht.

Ich hätte zu gerne auf dem Cornellskop gestanden und die Aloen im Frühling gesehen, genau wie Pillans sie gesehen haben muss in jenem Heureka-Augenblick, der ihn unsterblich werden lassen sollte. »Um Himmels willen!«, muss er ausgerufen haben (oder das Pendant dazu in Afrikaans). »Ist das die Möglichkeit? Bin ich von allen guten Geistern verlassen? Oder bin ich tatsächlich der einzige Mensch auf der Welt, dem auffällt, dass diese Blüten herunterhängen und nicht aufrecht stehen?«

Aber als ich auf diesem steinigen Hügel stand (der Cornellskop heißt nach Sam Cornell, einem berühmten Mineninspektor) und zwei der schönsten Exemplare fotografierte, war es mitten im Winter. Doch auch ohne Blüten sahen sie eigentlich gar nicht wie Köcherbäume aus. Zugegeben, sie haben die gleiche, auf spektakuläre Weise abblätternde gelbe Rinde. Aber ihr Wesen ließ nichts von einem lustigen Kobold verspüren. Ihre Ausstrahlung ist eher klagend und düster. Leider scheinen die Bäume die Möglichkeit oder den Willen, sich zu vermehren, verloren zu haben. Wie sollen wir ihnen nur begreiflich machen, dass wir, jetzt, wo wir ihre wahre Identität kennen, alles tun werden, um sie zu retten? Trotz mutiger Versuche von Ökologen, die Art zu schützen, scheint sie bisher nicht auf uns zu hören.

Möglicherweise sind die Bäume dem Untergang geweiht. Es könnte eine weitere Folge des Klimawandels sein in einer Region, die immer von Dürre geprägt war. Auf jeden Fall scheinen die knapp hundert Bäume an den steinigen Hängen hier und jenseits des Orange River allmählich auszusterben.

Links und rechts:
Zwei überlebende Exemplare von Aloe pillansii *in Cornellskop im Richtersveld im Norden Namibias. Die Art ist offensichtlich ein weiteres Opfer des Klimawandels.*

Halfmen, die gen Norden schauen

Madagaskar hat nicht weniger als sechs große Arten *Pachypodium* (Elefantenfüße) aufzuweisen, einschließlich des bizarren *Pachypodium decaryi,* die ich im *Tsingy* gesucht hatte. Im südlichen Afrika hingegen gibt es von Küste zu Küste nur zwei Arten, die mit etwas gutem Willen die Größe eines kleinen Baums erreichen. Beide sind Sukkulenten, die irgendwie am Rande der Wüste gedeihen, beide sind selten und angeblich geschützt. Seit einiger Zeit

interessieren sich jedoch auch leidenschaftliche Gärtner für sie. Und so werden sie – ziemlich illegal – in der Natur ausgegraben und, wie ein gestohlener Daimler, mit falschen Papieren versehen. Dann tauchen sie einige Monate später wieder auf, als wären sie in einer Gärtnerei gezüchtet worden, und bilden dann den Stolz irgendeines reichen Gartenbesitzers in Johannesburg. (Später sterben die allermeisten, fast unweigerlich, da sie die kühlen Nächte des Highveld nicht verkraften.)

Die größte Art ist *Pachypodium lealii,* bekannt als »Bottelboom« oder Flaschenbaum, eine Art, die im Norden Namibias und im südlichen Angola beheimatet ist. Von einem Exemplar im Grenzgebiet habe ich ein sensationelles Foto gesehen. Man könnte ihn einen doppelten Flaschenbaum nennen – die aufgeblähten Zwillingsstämme sind nahezu identisch. Mit der breiten Basis und dem schmal zulaufenden Hals dienen die Stämme der Speicherung von Wasser. Die Äste hingegen sollen Wasser sparen: Sie sind klein und spindeldürr, und ihre Dornen halten Störenfriede fern. Ich wollte zu dem Baum hinpilgern, doch er erwies sich als unzugänglich. Dann war mir das Glück hold.

Eines Tages fuhr ich am späten Nachmittag auf einer staubigen Straße durch die Wildnis. Ich hatte keine Ahnung mehr, wo ich genau war, irgendwo in Zentralnamibia, und plötzlich entdeckte ich einen Flaschenbaum, der sich an einer steilen roten Geröllflanke über mir erhob. Ein Flaschenbaum? Das war doch unmöglich, wenn man beachtet, was in den gängigen Büchern zu Flaschenbäumen steht: Wir befanden uns mehrere Hundert Kilometer südlich des Verbreitungsgebiets. Aber gelegentlich geschehen eben Wunder. Also erklomm ich mehr schlecht denn recht die steile rutschige Flanke (in Sandalen, das war besonders intelligent) und fing das wertvolle Geschöpf mit meiner Kamera ein. Wie man auf der gegenüberliegenden Seite sieht, besitzt er eine glatte, glänzende Rinde, einen dünnen Hals, spindeldürre Arme und einen dicken Hintern: kein Adonis, aber ohne Zweifel ein gesunder junger Flaschenbaum.

Die andere Art ist kleiner, aber noch merkwürdiger. Es ist *Pachypodium namaquanum,* auch als Halfmen bekannt. Sein Territorium erstreckt sich über das wilde, ausgedörrte Grenzland zwischen dem Nordwesten der Kapprovinz und Namibia (dieselbe Halbwüste, in der auch die Köcherbäume zu Hause sind). Der seltsame Name, Halfmen,

Links: *Flaschenbäume* (Pachypodium lealii) *im Nordwesten Namibias.*

Rechts: *Halfmen im Osten des Richtersvelds. Doch was war aus dem schönsten Exemplar geworden?*

entstammt einer Sage, nach der die Bäume einst Männer waren, die aus einem Land irgendwo im Norden kamen und in Pflanzen verwandelt wurden. Nun waren sie dazu verurteilt, für immer mit dem Gesicht gen Norden, in Richtung ihrer ehemaligen Heimat, zu stehen. Und tatsächlich neigt sich die Spitze jedes Stamms leicht in diese Richtung, möglicherweise, um ein wenig der prallen Sonne auszuweichen.

Ich unternahm zwei Fahrten zu den Halfmen: die erste zum Richtersveld-Nationalpark, die zweite in die steinigen Hügel etwas weiter östlich. Ich entdeckte einige schöne Exemplare und lichtete sie ab. Sie sind beeindruckend – selbst im Vergleich zu anderen *Pachypodium*. Die stacheligen Stämme sind mit der Spitze leicht nach Norden gedreht und erheben sich aus der Wüste ohne jeden Ast. Der Blattschopf könnte auch ein samtiges grünes Gesicht am Ende des Stamms sein. In der Blütezeit muten sie mit den innen weißen und außen roten Blütenblättern gewiss noch merkwürdiger an. Das Abendlicht hauchte ihren bizarren Formen ein eigenes Leben ein. Eine Reihe Halfmen weit entfernt auf einem Grat kann tatsächlich vertrauenerweckend menschliche Züge annehmen, und ich kann mir die Freude des in der Wüste verirrten Reisenden vorstellen, der seine Retter nahen sieht, nur um dann voller Ernüchterung festzustellen, dass es sich nur um eine Gruppe von Halfmen handelt.

Doch wo waren die größten Exemplare, die fünf Meter hoch werden können? Nach mehreren Tagen Suche in der sommerlichen Hitze (das Quecksilber stieg erbarmungslos) gaben wir uns geschlagen. Dann erzählte uns einer der Einheimischen, er kenne ein »Kopje« – einen kleinen Hügel – mit einem Halfmen »hoch wie ein Telegrafenmast«. Wir zogen zu Fuß los (zum Fahren war es zu steil) und erreichten den Ort nach einer halben Stunde. »Oje«, sagte unser völlig verblüffter Führer, »ich bin aber sicher, dass dies der richtige Ort ist.« Und es war tatsächlich der richtige Ort, aber alles, was wir dort sahen, war ein gähnendes Loch.

Irgendwo im Land der Swimmingpools und Vorführgattinnen führt ein reicher Mann nun vermutlich seinen Freunden die neueste, etwas ausgefallene Trophäe vor: einen Halfmen für seinen Garten.

Ich hoffe, der überlebt es und der Stamm wurde so gepflanzt, dass er nach Norden schauen kann.

Links und rechts:
Weitere Halfmen im Osten des Richtersvelds.

Erst Kahlschlag, dann Feuer

In Afrika gab es eine traditionelle Art des Umgangs mit dem Busch, die »Chitemene«, was so viel bedeutet wie »Kahlschlag und Feuer«. Der Bauer holzte zunächst die Bäume ab und verbrannte sie anschließend, die Asche düngte den Boden. Dann baute er zwischen den Baumstümpfen Getreide an. Nach ein, zwei Jahren war der Boden erschöpft, und der Farmer zog weiter. Die Bäume schlugen aus den Stümpfen neu aus, und der Zyklus wiederholte sich. Doch als die Holzfäller kamen, die großen immergrünen Wälder in Südafrika fällten und die Feuer folgten, schlugen die Bäume nicht wieder aus. Dies ist die Tragödie der *Widdringtonia*.

Trotz ihres geradezu lächerlich nichtssagenden Namens ist die Gattung *Widdringtonia* eine der seltensten und bemerkenswertesten im südlichen Afrika. Sie ist dort die einzige Vertreterin der Zypressenfamilie, deren Vertreter in einigen der schönsten immergrünen Wälder der Welt vorherrschen. Die Gattung *Widdringtonia* umfasst drei Arten, von denen keine mehr als einen Fleck auf der Karte der regionalen Flora ausmacht. Zwei davon erreichen kaum mehr als Strauchgröße, doch die dritte Art, die »Clanwilliam cedar« oder »Cape cedar« *(Widdringtonia cedarbergensis)* ist – oder genauer: war – eine wahre Riesin des Waldes. (Übrigens ist die Bezeichnung »cedar« hier irreführend: Die echten Zedern der Gattung *Cedrus* gehören botanisch gesehen zur Familie der Kieferngewächse und sind nur im Atlasgebirge, dem Libanon, auf Zypern und im westlichen Himalaja heimisch.)

Fährt man knapp 250 Kilometer von Kapstadt nach Norden, kommt man an einer Reihe stimmungsvoller Bergketten vorbei, deren größte und wildeste der Cedarberg ist, der sich unweit vom Ort Clanwilliam mehr als 2100 Meter über die Küstenebene erhebt. Hier, an den steinigen Bergflanken, ab einer Höhe von etwa 900 Metern bis knapp unter die Zacken der Gipfel, liegen verstreut die letzten Vorkommen der »Clanwilliam cedar«.

Wenn man die Bergkette erreicht, sieht man, wie sie durch ein grünes Tal in Zwillingsberge geteilt wird: den Tafelberg und den Sneuberg. An einem Sommertag im Januar 2006 fuhr ich mit einigen Freunden dorthin, untergebracht waren wir in Algeria, einem Hüttencamp im grünen Tal. Am nächsten Tag nahmen wir einen offiziellen Führer aus dem Camp, der versprochen hatte, uns die schönsten Exemplare zu zeigen. Aber gab es überhaupt noch welche?

Von den ersten Jahren der europäischen Besiedlung an wurden die Bäume wegen ihres guten Holzes gefällt. Im Jahr 1830 berichtete ein Reisender: »Früher war die gesamte Bergkette, zu der die Cedar Mountains gehören, baumbestanden«. Um 1883 berichtete der »Conservator of Forests« (eine ironische Bezeichnung für denjenigen, der über ihre Zerstörung wachte), dass alle zugänglichen und irgendwie nutzbaren »Clanwilliam cedars« nunmehr gefällt seien. Die übrig gebliebenen waren entweder

Unten und rechts: *Tote »Clanwilliam cedars«* (Widdringtonia cedarbergensis) *am Cedarberg, Western Cape: Opfer von 200 Jahren Holzwirtschaft und des heutigen Klimawandels.*

verwachsen oder mangelhaft oder noch zu jung für das Sägewerk. Der größte überlebende hatte einen Umfang von über fünf Metern, war aber »ein Zwerg im Vergleich zu den großen Bäumen, deren Stümpfe noch standen«. Die »früheren Giganten müssen nahezu den doppelten Umfang« der Überlebenden aus den 1880er-Jahren besessen haben.

Wie die Afrikanischen Steineiben in den Küstenwäldern des Eastern Cape hatte auch dieser Nadelbaum den Nachteil, sehr gutes Holz zu liefern – das schönste Holz Südafrikas, so hieß es gelegentlich. Mit dem blassgelben glänzenden Holz, das mehr oder weniger fäulnisresistent war, ließ sich von Möbeln bis Zaunpfählen einfach alles bauen. Und außer für Termiten, die dem Geruch nichts abgewinnen konnten, verströmte es für jeden einen äußerst angenehmen Duft.

Der Standort der Bäume mutet eher melodramatisch an: Ihre gewundenen braunen Arme und grauen Wurzeln, die einen schönen Kontrast zu den Wogen leuchtend grüner Nadeln bilden, reichen bis an den Abgrund heran. Doch suchten wir zwei ganze Tage die Berge nach schönen Exemplaren ab und fanden keinen einzigen großen Baum. Man versicherte uns, dass es sie gäbe, aber sie seien weiter als einen Tagesmarsch entfernt. Die Mehrzahl der Bäume, die wir sahen, hatte bescheidene Ausmaße und einen Umfang von weniger als drei Metern.

Und die meisten waren tot. Eine Reihe verheerender Brände hatte die Berge in jüngster Zeit heimgesucht und die meisten Bäume vernichtet, mit Ausnahme derjenigen, die im Schutz von Steinen und Felsen standen. Der Anblick ihrer schwarzen Körper war tatsächlich niederschmetternd. Das Schlimmste an diesen Bränden ist, dass sie eine natürliche Regeneration unmöglich machen. Die Ersten, die im Feuer sterben, sind die jungen Sämlinge, und mit ihnen stirbt jegliche Hoffnung auf die Zukunft.

Bin ich zu pessimistisch? Der Leiter der Forstaufseher erzählte mir, dass es einige vielversprechende Versuche mit Schutzmaßnahmen *ex situ* gäbe: Die Samen werden gesammelt und die Sämlinge in Baumschulen gezogen. Die Versuche waren erfolgreich, und einige wüchsige Jungpflanzen wurden dort gepflanzt, wo die Samen entnommen worden waren. Doch Südafrika ist ein Entwicklungsland mit einem entsprechend kleinen Budget für den Naturschutz. Die größte Bedrohung bildet der Klimawandel. Bei höheren Temperaturen fällt es den Bäumen schwerer, sich auf natürliche Weise zu regenerieren, und der Brandzyklus, der für diese Gegend typisch ist, ist nun intensiver geworden: Die Veldbrände treten jetzt häufiger auf und hinterlassen größere Zerstörungen als früher. Und die Behörden fühlen sich nicht genötigt, Gelder für Löscharbeiten bereitzustellen, da niemand auf Zedernhöhe am Cedarberg wohnt.

In der Abenddämmerung stieg ich den steinigen Weg wieder hinab und sah zu, wie der Vollmond über den höchsten Kämmen des Tafelberges aufging, dessen Schatten das unten gelegene Tal in eine Reihe geheimnisvoller Dreiecke aufteilten. Die Berge werden nichts von ihrer Schönheit einbüßen, selbst wenn schlimmstenfalls alle Zedern sterben. Aber der Zauber wird ihnen fehlen.

Eine Widdringtonia cedarbergensis *bescheidenen Ausmaßes am Rande des Steilabbruchs gegenüber der Sneuberg-Kette im Zentrum des Cedarberg. Die Giganten sind schon lange verschwunden.*

Palmfarne zur Selbstbedienung

Eine Million für einen Baum?

Woods Palmfarn (Encephalartos woodii) *ist der seltenste Palmfarn unter den südafrikanischen Arten. Dieses Exemplar der zweiten Generation im Botanischen Garten von Durban ist ein Klon von einem der zwei ursprünglichen Stämme, die 1907 aus Zululand in den Garten gebracht wurden. Die Art wurde nur einmal und nie wieder gefunden und gilt in der freien Natur als ausgestorben.*

An bemerkenswerten Bäumen fehlt es dem Botanischen Garten von Durban nicht. Der seltenste und unter finanziellen Gesichtspunkten wertvollste ist ein einzelner Palmfarn, der vor etwa einem Jahrhundert aus Zululand in den Garten gelangte und heute in der Natur ausgestorben ist: Woods Palmfarn *(Encephalartos woodii)*. Benannt wurde er nach dem berühmten Leiter des Gartens im 19. Jahrhundert, dem Pflanzenjäger Medley Wood, der den Palmfarn 1895 im Ngoye Forest entdeckte.

Ursprünglich besaß der Baum vier Stämme. Zwei davon wurden abgetrennt und 1907 von Woods Stellvertreter, John Wylie, in den Botanischen Garten gepflanzt. Es war sofort klar, dass dieser Palmfarn eine Klasse für sich beanspruchte. Auf einer hervorragenden Fotografie ist der Palmfarn zusammen mit seinem Entdecker kurz vor dem Ersten Weltkrieg abgelichtet: Der Baum ist außergewöhnlich hoch und einer Palme sehr ähnlich, und für den großen weißen Bart von Medley Wood bildet der Schirm aus langen, hängenden, dunkelgrünen Blättern einen perfekten Hintergrund.

Die meisten Palmfarne sind zweihäusig: Um fruchtbare Samen hervorzubringen, werden zwei Pflanzen, eine männliche und eine weibliche, benötigt. Das Exemplar, das Wood im Wald fand, war männlich. Gibt es eine passende Partnerin für ihn? Immer wieder begaben sich Suchtrupps zum Ngoye Forest, um ein weibliches Exemplar der Art zu finden. Doch sämtliche Versuche blieben erfolglos. Tatsächlich stellte sich heraus, dass das vierstämmige, von Wood entdeckte Exemplar das letzte seiner Art war, denn auch männliche Exemplare wurden nie wieder gefunden. (Und auch die zwei anderen Stämme im Wald sind inzwischen verschwunden, wenngleich einer später im National Botanic Research Institute in Pretoria wiederaufgetaucht zu sein scheint.)

Natürlich haben Palmfarne im Vergleich zu uns einen Vorteil: Zur Fortpflanzung müssen sie sich keine Gedanken über Sex machen, denn man kann sie einfach klonen. Und genau dies lässt die Sammler von Palmfarnen aufhorchen. Die meisten von ihnen sind Amerikaner, und Geld spielt keine Rolle. Ein Palmfarn, der in der Natur bereits ausgestorben ist? Der Klon könnte eine Million Dollar wert sein – oder jede erdenkliche Summe.

Im Jahr 2005 durfte ich Chris Dalzell, den Leiter des Botanischen Gartens in Durban, begleiten, um Woods Palmfarn die Ehre zu erweisen. Chris hat zwar keinen langen weißen Bart wie Medley Wood, aber in vielerlei Hinsicht erinnert er durchaus an seinen großen Vorgänger: Auch er lässt nicht mit sich spaßen. Er erzählte mir, dass dies aufregende Zeiten seien: Woods Palmfarn hätte drei Knospen, die für drei neue Klone verwendet werden könnten, und sie waren bereits Melbourne oder einem anderen botanischen Garten in Australien versprochen.

Es war früh an einem Montagmorgen, da wir für meine Aufnahmen das Morgenlicht erwischen wollten. »Wow!«, entfiel es mir, als ich den gewaltigen dunkelgrünen Schirm über unseren Köpfen betrachtete. Aber Chris sagte nicht »Wow«, er sagte »Oh Gott! Jemand hat die drei Knospen gestohlen, die wir den Kollegen in Australien versprochen hatten, die hatten einen Wert von …«.

Das Ende von jenem Satz habe ich nicht mehr genau gehört. Ich *meine* zwar, er hätte eine Million Dollar gesagt, aber vielleicht war es auch doch nur eine Million Rand.

Eines der zwei ursprünglichen Exemplare von Woods Palmfarn im Botanischen Garten von Durban. Neu gebildete Seitenknospen sind von unschätzbarem Wert.

Im Land der Regenkönigin

Der Modjadji-Palmfarn *(Encephalartos transvenosus)* wäre selbst dann kostbar, wenn er nicht außergewöhnlich selten wäre und besonderen Schutzes bedürfte. Die Art, von der einige Exemplare sogar höher als zwölf Meter sind, ist mit Abstand die größte unter den Palmfarnen Südafrikas. Es ist auch die einzige Art, die einen eigenen Wald bildet: das Modjadji-Cycad-Reservat, in dem Tausende von Bäumen über einen steilen Hang verteilt stehen.

Wie konnte sich dieser bizarre Wald gegenüber Veldbränden und Verbiss behaupten? Sicherlich haben die Felsen Schutz geboten. Wichtiger ist aber, dass der Wald auch unter dem Schutz mehrerer aufeinanderfolgender Generationen der Modjadji-Regenkönigin stand, der durch Erbfolge bestimmten Monarchin des in diesem Gebiet ansässigen Balobedu-Stammes.

Fans von Rider Haggards Roman *Sie* werden sich an die schöne Königin eines verlorenen afrikanischen Stammes erinnern – »Sie, der Gehorsam geleistet werden muss«. Ihre übernatürlichen Kräfte verliehen ihr die Macht über den Regen und die Flüsse. Haggard hatte sich wohl von den afrikanischen Regenköniginnen wie jene der königlichen Modjadji-Linie inspirieren lassen.

Der Ursprung dieser matriarchalen Königreiche reicht mindestens 200 Jahre zurück, vielleicht noch viel weiter. Die Balobedu ließen sich in den fruchtbaren Tälern des heutigen nordöstlichen Transvaal nieder. Ihre männlichen Herrscher überlieferten aus dem Norden die Geschichte der Prinzessin Dzugundini, die aus dem goldreichen Monomatapa (im heutigen Simbabwe) geflohen war und ein Zauberhorn dabeihatte, mit dem sie Regen machen und sich gegen Feinde verteidigen konnte. Im frühen 19. Jahrhundert behauptete der Herrscher Mugudo, er stamme von der Regen machenden Prinzessin ab. Nachdem er von seinen Vorfahren von einer Verschwörung gegen ihn erfahren hatte, brachte er seine Söhne um, heiratete seine Tochter und begründete die Dynastie der Regenköniginnen namens Modjadji.

Ihr Königreich umfasste nur 140 Dörfer und einige Tausend Untertanen, aber der Glaube, sie könnten Regen machen – oder ihn verhindern –, verlieh den Modjadji-Königinnen außergewöhnliche Macht. Selbst Shaka, der schreckliche Napoleon der Zulus, entsandte eine Abordnung, die unterwürfig den Segen der Königin erbitten sollte.

Leider ist die Dynastie heute in Not, und zwar nicht nur, weil es ihr nicht gelungen ist, die jüngsten Dürrephasen abzuwenden. Die letzte Königin, Modjadji VI., verstarb 2005 im Alter von 27 Jahren, anscheinend an Aids. Ihre Regentschaft hat lediglich zwei Jahre gedauert und brachte keine einzige königliche Thronfolgerin hervor. (Von ihrem Freund hatte sie zwar zwei Kinder, darunter eine Tochter, doch der Vater, ein Bürgerlicher, wurde vom königlichen Rat nicht akzeptiert.) Sämtliche neuen Ansprüche auf den Thron wurden bis jetzt abgelehnt.

Ein weiblicher Zapfen wächst aus der Basis eines Palmfarns im nördlichen KwaZulu-Natal.

Die Modjadji-Palmfarne erfreuen sich hingegen bester Gesundheit. Der Palmfarnwald wurde 1936 zum nationalen Denkmal erklärt, und heute ist das Naturreservat ein beliebtes Ausflugsziel. An einem warmen Sommertag im Januar 2007 machte ich mich ebenfalls dorthin auf und richtete meine Kamera auf den Wald, der bizarr und wundervoll ist. Tausende von schirmköpfigen Geschöpfen verteilen sich dort über den nackten Fels, und zweifelsohne waren es Generationen von Regenköniginnen, die verhindert haben, dass der Wald in das Tal abrutscht.

Rechts und unten:
Der Wald der Modjadji-Palmfarne in der Nähe von Duiwelskloof in der Provinz Limpopo. Die größten aller süd-afrikanischen Palmfarn-arten stehen seit 1936 als nationales Denkmal unter Schutz.

Streng geheim!

Mein letzter gefährdeter Palmfarn ist nach Woods Palmfarn der zweitseltenste. Beschrieben wurde er von einem Experten für Palmfarne namens Dyer, die neue Art wurde nach ihm benannt: *Encephalartos dyerianus*. Dieser Palmfarn hat nur an einem einzigen Ort überlebt: einem grasigen »Kopje« – einem kleinen Hügel – in der Nähe von Mica im Nordosten der Provinz Limpopo. Doch im Gegensatz zu Woods einsamem männlichem Exemplar gibt es hier auch hinreichend weibliche Palmfarne und Sämlinge.

Erwartungsgemäß läuft den Sammlern von Palmfarnen das Wasser im Mund zusammen bei dem Gedanken, einen dieser Sämlinge oder auch größere Pflanzen von dem »Kopje« zu ergattern. So ist der Standort ein gut gehütetes Geheimnis. Einer der eingeweihten Beschützer – Bodyguards möchte man sie nennen – erwies mir und einigen Freunden die Ehre, uns im Januar 2007 dort hinzuführen. Zunächst mussten wir jedoch unterschreiben, nie zu sagen, wo wir gewesen waren. Alles, was ich sagen kann, ist, dass der »Kopje« bis auf die Palmfarne aussah wie alle anderen »Kopjes« auch. Eine erste Schutzmaßnahme war der entsetzliche Weg im Geländewagen, eine zweite der steile Anstieg zu Fuß über einen von Dornen gesäumten Pfad.

Als wir nach Luft ringend oben auf dem flachen Gipfel ankamen und ich meine Kamera aufstellte, erklärte der Bodyguard leicht nervös, ich dürfe nicht den Ausblick fotografieren. »Sie haben keine Ahnung, wie clever diese Leute sind. Unter Umständen können sie den Ort bereits anhand Ihres Fotos identifizieren.« Ich wollte ihm schon erwidern: »Oder indem sie den Volksnamen dieses Palmfarns nachschlagen.« Denn dieser, den ich hier natürlich nicht erwähne, gibt nicht wenig Aufschluss darüber, wo das Geschöpf zu finden ist. Aber ich schwieg und verzichtete auf ein Panoramabild.

Dyers Palmfarn macht seinem Entdecker mit Sicherheit Ehre. Die beeindruckendsten Vertreter dieser Art erinnern an eine Boa, die im Gras auf Beute lauert. Doch ist die Art tatsächlich vom Aussterben bedroht, zumindest in der freien Natur? Vielleicht bin ich ein lächerlicher Optimist, aber ich wüsste schon einen Weg, sie vor Dieben zu schützen.

Ihre jetzige Gefährdung beruht auf der Tatsache, dass Dyer diese Population von einer anderen, weiter verbreiteten Art abtrennte und als einzige Vertreter einer neuen Art etabliert hat. Natürlich machte das die Palmfarnsammler hellhörig. Dyer zählt zu denjenigen, die man in Botanikerkreisen als »Splitter« (»Spalter«) bezeichnet. Aber ich gehe davon aus, dass sich das Blatt auch wieder wenden kann, was häufig geschieht, und Dyers Palmfarn damit nicht länger Anrecht auf einen Status als eigene Art hätte. Würde dies den Palmfarn nicht vor den Händen der Diebe bewahren? Wer würde einen Palmfarn von einem einsamen »Kopje« stehlen lassen, wenn dieser nur ein ganz gewöhnlicher Palmfarn wäre, der in jedem Gartencenter erhältlich ist?

Dyers Palmfarn an einem geheimen Ort in der Nähe von Mica in der Provinz Limpopo.

TEIL V

Herren über die Zeit

Mirabilis!

Bin ich ein Baum?

»Eine Entdeckung« kündigte Dr. Joseph Hooker am 16. Januar 1862 der gut besuchten Versammlung der Londoner Linné-Gesellschaft an, »die wunderbarste, aus botanischer Hinsicht, die in diesem Jahrhundert gemacht wurde.« Das war in der Tat großzügiges Lob von einem Mann, der auch selbst, zusammen mit seinem berühmten Vater, Sir William Hooker, zahlreiche bemerkenswerte botanische Entdeckungen gemacht hatte. Hooker hatte die kuriose neue Pflanze soeben *Welwitschia mirabilis* getauft, nach ihrem Entdecker, einem österreichischen Botaniker namens Dr. Friedrich Welwitsch, der sie im südlichen Angola gefunden hatte. Achtzehn Monate zuvor hatte er Hooker eine Beschreibung zugesandt, die diesem wohl das Wasser im Mund hatte zusammenlaufen lassen. Laut Welwitsch war die neue Pflanze nicht nur eine neue Art einer neuen Gattung einer neuen eigenen Familie, nein, schlichtweg nichts auf der Welt sah ihr ähnlich.

In der Linné-Gesellschaft hielt Hooker einen 80 Seiten umfassenden Vortrag über diesen erstaunlichen Neuling. Es sei eine verholzende Pflanze mit einem normalerweise etwa 60 cm langen Stamm, der sich nur knapp 10 cm über den Boden erhebt. Er könne aber manchmal über vier Meter Umfang erreichen, auf der gesamten Oberfläche sei er dunkelbraun, hart und rissig (etwa wie die verbrannte Kruste eines Brotlaibs). Es gäbe »zwei tiefe Kerben« in dem merkwürdigen Gebilde, und aus diesen erwüchsen »zwei riesige Blätter«, etwa 1,80 Meter lang, platt, ledrig und »bis zur Basis gespalten in unzählige Riemen«. Oberhalb der Blätter entstünde ein verzweigter Blütenstand mit Zapfen wie jene der gewöhnlichen Fichte, lachsfarben bei männlichen, blaugrün bei weiblichen Pflanzen.

Wir wissen heute, dass die Pflanze in einem Wüsten- und Halbwüstenstreifen vorkommt, der sich von Walvis Bay in Namibia bis zur 1100 km weiter nördlich gelegenen sandigen Hochfläche von Cape Negro in Angola erstreckt. Die zwergenhaft gedrungene Form und die riemenartigen Blätter bilden eine einzigartige Anpassung an ein trockenheißes Klima, das ohne Weiteres Dantes Inferno entstammen könnte. In manchen Jahren regnet es überhaupt nicht, nur ein zäher Nebel zieht vom eisigen Benguelastrom ins Land. Die Pflanze ist durch die Dürre so schrumpelig, dass die kleinste Pflanze bereits hundert Jahre alt sein kann.

Ich flog im Juli 2006 nach Walvis Bay in Namibia, und die Palmen versteckten sich im Nebel, als wir die treffend benannte Skelettküste hochfuhren. Mein Führer Nico schlug vor, im Norden einen erloschenen Vulkan aufzusuchen, Messum Crater. Nach einer dreistündigen Fahrt durch öde Wüstenland-

schaft fanden wir unsere erste Welwitschie. Sie war tatsächlich so außergewöhnlich, wie Welwitsch sie beschrieben hatte. Auch ihr Standort im Vulkankrater war außergewöhnlich: als wären wir soeben auf dem Mars gelandet.

Zwei Tage später stießen wir – zwischen Messum Crater und der Küste, in einem ausgetrockneten Flusstal – auf das wohl größte bekannte Exemplar einer Welwitschie. Aus der Ferne mutete es wie ein Haufen Unrat an, knapp 2 Meter hoch und 6 Meter im Umfang. Aus der Nähe betrachtet, fiel eine wichtige Tatsache ins Auge: Die Pflanze schien nicht nur *zwei* gigantische Blätter zu haben, wie Welwitsch und moderne Botanikbücher betonen. Sie war so groß und alt (vielleicht eintausend Jahre), dass sie etwa ein Dutzend Blattpaare zu besitzen schien, wobei jedes aus einem eigenen Paar verholzter Kerben entsprang. Doch befanden sich die Kerben im Stamm oder in den Ästen? Ja, war sie denn überhaupt ein Baum? Bei der Welwitschie fehlen einem tatsächlich die Worte.

Vorhergehende Seiten:
Welwitschie innerhalb des erloschenen Messumkraters im Nordwesten Namibias.

Links:
Für eine Welwitschie hat dieses Exemplar im Nordwesten Namibias außergewöhnliche Fortschritte gemacht. Sie ist in etwa 1000 Jahren nahezu auf 1,80 Meter herangewachsen.

Rechts:
Stamm einer toten Welwitschie, der die Reihe tiefer Kerben erkennen lässt, aus denen sich über Hunderte von Jahren das Blattpaar entrollt hat.

Nicht von dieser Welt?

Wer meint, 1000 Jahre seien für einen Baum ein hohes Alter – und manche Botaniker gehen davon aus, dass alte Welwitschien sogar älter sein könnten –, sollte den Wald nordöstlich von Khorixas im Norden Namibias aufsuchen. Von Messum Crater fuhren wir durch eine Winterlandschaft, die allmählich einen Hauch von Grün annahm, in anderthalb Tagen hinüber. Gelegentlich sahen wir einzelne Bäume, die Wurzeln tief in die Spalten der roten Felsen eingegraben: grünblättrigen Kameldorn, gelbe Akazien und mehrere Sukkulentenarten, darunter die finstere *Euphorbia virosa,* den »Giftboom«. Dieser Giftbaum wächst gern auf den Kuppen der »Kopjes« und ist der giftigste der ganzen giftigen Gattung *Euphorbia*. Die Afrikaner sollen ihn gern für ihre Pfeilspitzen genutzt haben.

Wir erreichten den Wald am zweiten Morgen. Ich schreibe »Wald«, aber es gab eigentlich kaum mehr als 50 Baumstämme, und die lagen allesamt am Boden. Einer, den ich auch fotografierte, war sehr lang, 42 Meter, so meinte unser Führer. Die meisten waren in Stammstücke geteilt, die eine gut verwertbare Länge aufwiesen, im Laufe der Zeit allerdings zerbrochen und zerfallen waren. Das Erstaunliche war, dass ich keine Wurzeln oder Äste entdecken konnte. Aber die Jahresringe waren noch zu erkennen, und an einem Stamm zählte ich bis zu 60. Hervorragender Wuchs! Das müssen rasch wachsende Koniferen gewesen sein. Aber waren sie tatsächlich 60 Jahre alt? Wenn ich es nicht gewusst hätte, hätte man mich durchaus täuschen können. Aus der Ferne sahen sie aus, als seien sie vor einiger Zeit gefällt und dann von den Holzfällern liegen gelassen worden. Wenn man sich ihnen jedoch nähert und sie mit dem Fuß berührt, stellt man fest, dass sie aus Stein sind: Dies ist der berühmte versteinerte Wald.

Ich betrachtete erneut die 60 Jahresringe – etwas ungläubig. Im Vergleich zu Bäumen aus unserer eigenen Zeit nahm ich wohl an, dass Bäume aus so alten Zeiten nicht als solche erkennbar sein würden. Doch der an Wunder gewöhnte Paläobotaniker sieht die Dinge anders. Die versteinerten Bäume hier in Namibia gehören einer uralten Pflanzengruppe an, den Cordaiten, Vorläufern der Nadelbäume. Ihr Holz weist Ähnlichkeit mit dem der Araukarien auf, einer uralten Nadelbaumfamilie, deren Vertreter noch heute auf der Südhalbkugel vorkommen, allerdings nicht mehr in Afrika.

Ähnliche versteinerte Wälder wie hier existieren auch in anderen Teilen der Welt, etwa in Arizona, und auch der versteinerte Wald von Chemnitz in Sachsen stammt wohl aus demselben Erdzeitalter. Der versteinerte Wald hier bei Khorixas war Teil eines Waldes der Gondwanaflora vor über 250 Millionen Jahren, vor dem Jura mit den Dinosauriern, vor den Ginkgos, aus einer Zeit, als alle Landmasse der Erde einen einzigen Riesenkontinent bildete, Pangäa. Doch wuchsen diese Bäume nicht hier in diesem Landstrich, der heute Namibia ist. Wir würden ihre Wurzeln sehen, wenn dem so gewesen wäre. Woher kamen sie? Waren es Außerirdische? Ich würde es ja gerne glauben. Aber die Spaßverderber behaupten, die Stämme seien durch eine Flut hierher gelangt, vielleicht mit einem Fluss, der sie hier anspülte. Und sie scheinen den heutigen Araukarien ähnlich gewesen zu sein, jene Bäume, die innerhalb von 60 Jahren raketengleich emporschossen und nun seit über 250 Millionen Jahren ruhen.

Rechts: *Teil eines Cordaitenstamms im versteinerten Wald im Norden Namibias. Auf das schnelle Wachstum folgte eine lange Phase der Ruhe.*

Nächste Seiten:
Der längste Stamm im versteinerten Wald – über 40 Meter – mit einer jungen Welwitschie im Vordergrund. Bleibt die Herkunft der Bäume nicht doch ein Rätsel?

Verzeichnis der abgebildeten Bäume und deren Standorte

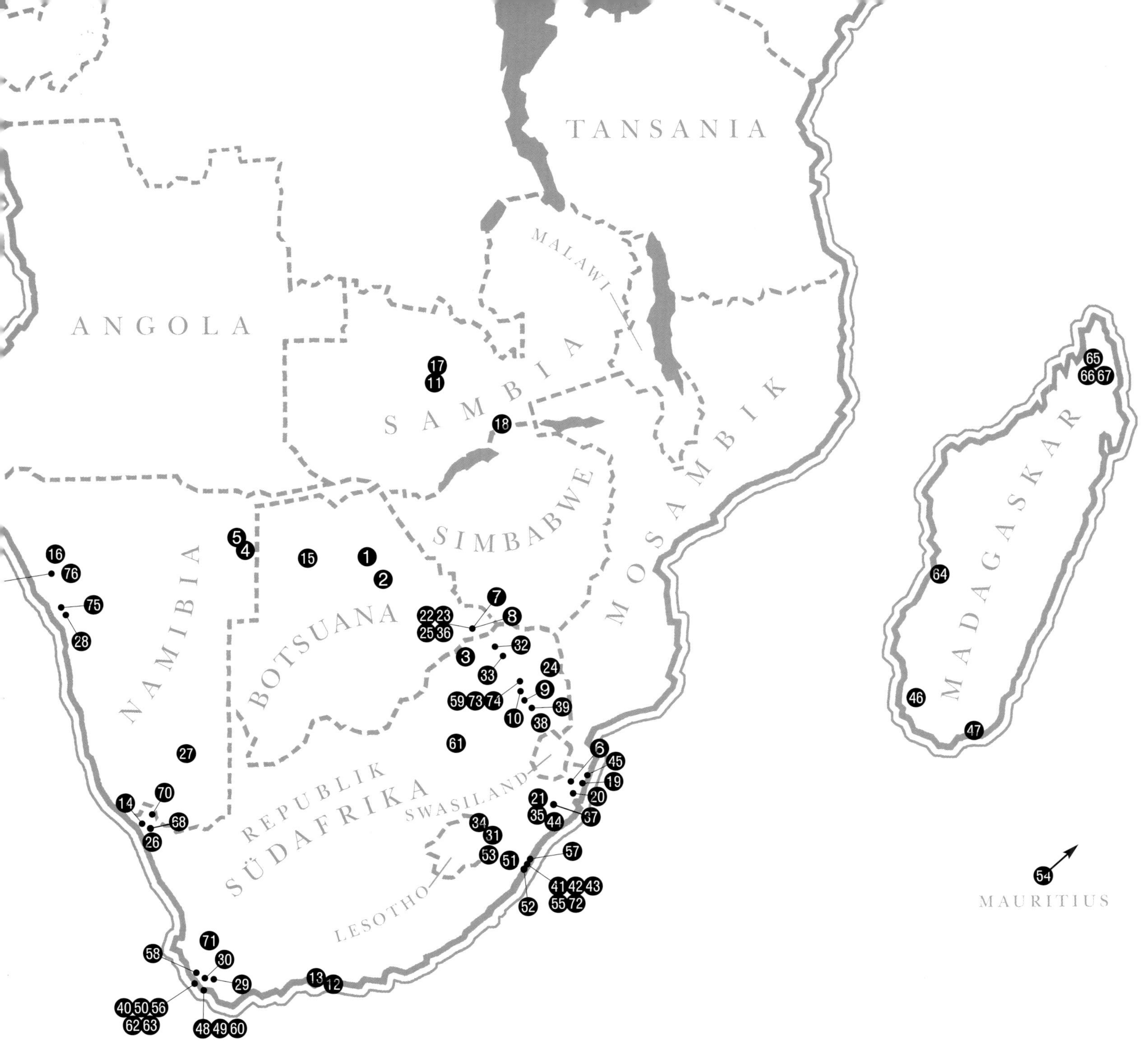

63	166–167	Kiefern	*Pinus pinea, Pinus pinaster*	Rhodes Memorial, Kapstadt, R.S.A.
64	168–169, 170, 171	Baobabs	*Adansonia grandidieri*	Bei Morondava, Madagaskar
65	172, 173	Perriers Baobab	*Adansonia perrieri*	Montagne-d'Ambre-Nationalpark, Madagaskar
66	174, 175	Riesenfeigenbaum	*Ficus spec.*	Ankarana-Nationalpark, Madagaskar
67	176	Elefantenfuß	*Pachypodium decaryi*	Ankarana-Nationalpark, Madagaskar
68	178–179	Baumförmige Aloen	*Aloe pillansii*	Cornellskop, bei Khubus, Western Cape, R.S.A.
69	180	Flaschenbaum, Elefantenfuß	*Pachypodium lealii*	Damaraland, Nordwestnamibia
70	181, 182, 183	Halfmen	*Pachypodium namaquanum*	Richtersveld-Nationalpark, Keetmanshoop, Namibia
71	184, 185, 186–187	»Clanwilliam cedar«	*Widdringtonia cedarbergensis*	Cedarberg, Western Cape, R.S.A.
72	188, 190–191	Woods Palmfarn	*Encephalartos woodii*	Botanischer Garten, Durban, R.S.A.
73	193	Modjadji-Palmfarn	*Encephalartos transvenosus*	Modjadji Nature Reserve, Duiwelskloof, Provinz Limpopo, R.S.A.
74	194–195	Dyers Palmfarn	*Encephalartos dyerianus*	Geheimer Ort, bei Mica, Provinz Limpopo, R.S.A.
75	196–197, 198	Welwitschie	*Welwitschia mirabilis*	Messum Crater und nördlich Hentiesbay, Namibia
76	201, 202–203	Versteinerte Bäume	*Cordaites* (fossile Nacktsamer)	Petrified Forest, westlich Khorixas, Damaraland, Namibia

Register

Kursiv gesetzte Seitenzahlen verweisen auf Abbildungen.

Aus dem Englischen übersetzt von Dr. Angela Kuhk
Redaktion: Dr. Jens-Uwe Voss
Korrektur: Dr. Michael Schenkel
Umschlaggestaltung: Caroline Daphne Georgiadis, Daphne Design
Satz: Yvonne Heizinger, Hallbergmoos

Die Originalausgabe *In Search of Remarkable Trees. On Safari in Southern Africa* wurde erstmals 2007 im Verlag Weidenfeld & Nicolson, einem Imprint der Orion Publishing Group, London, veröffentlicht.

Design und Layout: David Rowley, unter Mitwirkung von Justin Hunt
Satz und Karte: Ken Wilson
Lithografie: Altaimage UK

Druck und Bindung: Printer Trento S.r.l.
Printed in Italy

ISBN 978-3-88472-907-6

Hinweis
Alle Informationen und Hinweise, die in diesem Buch enthalten sind, wurden vom Autor nach bestem Wissen erarbeitet und von ihm und dem Verlag mit größtmöglicher Sorgfalt überprüft. Unter Berücksichtigung des Produkthaftungsrechts müssen wir allerdings darauf hinweisen, dass inhaltliche Fehler oder Auslassungen nicht völlig auszuschließen sind. Für etwaige fehlerhafte Angaben können Autor, Verlag und Verlagsmitarbeiter keinerlei Verpflichtung und Haftung übernehmen.

Korrekturhinweise sind jederzeit willkommen und werden gerne berücksichtigt.